2021年

海南省生态环境质量报告

海南省生态环境监测中心 编

中国环境出版集团 · 北京

图书在版编目（CIP）数据

2021年海南省生态环境质量报告 / 海南省生态环境监测中心编. —北京：中国环境出版集团，2023.2

ISBN 978-7-5111-5438-5

Ⅰ.①2… Ⅱ.①海… Ⅲ.①区域生态环境—环境质量评价—研究报告—海南—2021 Ⅳ.①X321.266

中国版本图书馆CIP数据核字（2023）第026577号

出 版 人 武德凯
责任编辑 孙 莉
封面设计 彭 杉

出版发行 中国环境出版集团
（100062 北京市东城区广渠门内大街16号）
网 址：http://www.cesp.com.cn
电子邮箱：bjg1@cesp.com.cn
联系电话：010-67112765（编辑管理部）
010-67112736（第五分社）
发行热线：010-67125803，010-67113405（传真）

印 刷 玖龙（天津）印刷有限公司
经 销 各地新华书店
版 次 2023年2月第1版
印 次 2023年2月第1次印刷
开 本 787×1092 1/16
印 张 11.75
字 数 212千字
定 价 55.00元

2021年 海南省生态环境质量报告 编委会

前言

2021年是我国全面建设社会主义现代化国家新征程起步之年，也是海南省以自由贸易港建设引领高质量发展成势见效之年。全省生态环境系统及有关部门深入贯彻落实习近平生态文明思想，在省委、省政府的坚强领导下，坚定不移地明思路、强担当、转作风、优方法、提能力、抓落实，统筹常态化疫情防控、经济社会发展和生态环境保护，推动国家生态文明试验区标志性工程取得重要进展，啃下两轮中央生态环境保护督察整改任务等一批“硬骨头”，坚决打好污染防治攻坚战，生态文明建设取得新突破，生态环境质量保持全国一流，生态环境保护实现“十四五”的良好开局。

《2021年海南省生态环境质量报告》基于2021年海南省生态环境监测网络监测数据，结合相关部门提供的环境状况内容编制而成。

本报告共分四部分内容。第一篇为概况，介绍生态环境质量监测与评价方法；第二篇为生态环境质量状况，分析全省环境空气、降水、地表水、饮用水水源地、地下水、海洋、声环境、生态、辐射等环境要素的质量现状、质量特征、变化趋势和原因；第三篇为生态环境质量关联分析，运用统计方法与模型分析生态环境质量与污染排放、社会经济、能源消耗、气候气象、环保举措等的关联性；第四篇为总结，凝练全省生态环境质量状况，找出主要环境问题和原因，基于灰色模型预测结果研判面临形势，提出对策和建议。

本书在海南省生态环境厅直接领导下，在相关处室和海南省辐射环境监测站配合参与下，由海南省生态环境监测中心具体组织完成。编写过程中，除了参考和使用海南省生态环境系统各级环境监测站的监测数据和海南省生态环境厅组织编写的生态环境保护规划、计划、总结等有关资料外，还使用了自然资源、统计、水务、气象、农业、林业、住建、公安、交通运输等部门的相关数据和相关文献资料，特此向有关部门和相关人员表示感谢！

目录

第一篇
概　况

第一章　生态环境监测网络布设

一、环境空气质量监测网络

2021 年，海南省环境空气评价城市点共 35 个，覆盖全省 19 个市县。与“十三五”期间相比，新增了三沙市。

环境空气自动监测频率为每日 24 h 连续监测。监测项目包括二氧化硫（SO_2）、二氧化氮（NO_2）、可吸入颗粒物（PM_{10}）、细颗粒物（$PM_{2.5}$）、一氧化碳（CO）和臭氧（O_3）6 项指标（表 1-1-1）。

表 1-1-1　环境空气质量监测项目及其数据有效性规定

项目	数据有效性规定
二氧化硫（SO_2）、二氧化氮（NO_2）	每小时至少有 45 分钟的采样时间，该小时的监测结果才有效；每日至少有 20 个小时平均浓度值或采样时间；每月至少有 27 个日平均浓度值（2 月至少有 25 个日平均浓度值）；每年至少有 324 个日平均浓度值
可吸入颗粒物（PM_{10}）、细颗粒物（$PM_{2.5}$）	每日至少有 20 个小时平均浓度值或采样时间；每月至少有 27 个日平均浓度值（2 月至少有 25 个日平均浓度值）；每年至少有 324 个日平均浓度值
臭氧（O_3）	每小时至少有 45 分钟的采样时间，该小时的监测结果才有效；每 8 h 至少有 6 个小时平均浓度值；每日至少有 14 个有效 8 h 平均浓度值；每月至少有 27 个日最大 8 h 平均浓度值（2 月至少有 25 个日最大 8 h 平均浓度值）；每年至少有 324 个日最大 8 h 平均浓度值
一氧化碳（CO）	每小时至少有 45 分钟的采样时间，该小时的监测结果才有效；每日至少有 20 个小时平均浓度值或采样时间；每月至少有 27 个日平均浓度值（2 月至少有 25 个日平均浓度值）；每年至少有 324 个日平均浓度值

2021 年，全省共有自然降尘监测点位 32 个，覆盖全省 18 个市县（不含三沙市）。所有测点每月监测 1 次，必测项目为降尘量。

二、降水质量监测网络

2021 年，海南省共有大气降水监测点位 27 个，覆盖全省 18 个市县（不含三沙市）。所有监测点逢雨必测。必测项目为降水量、pH、电导率，其中海口、三亚、五指山、东方、琼海 5 个市县增测硫酸根、硝酸根、氟离子、氯离子、铵离子、钙离子、镁离子、钠离子和钾离子等离子组分。

三、地表水环境质量监测网络

（一）地表水

2021 年，海南省地表水环境质量监测 76 条河流 141 个断面、41 座湖库 52 个点位，共计 193 个断面（点位），包括 49 个国控断面（点位）和 144 个省控断面（点位），其中 34 个国控断面（点位）建有水质自动监测站。与“十三五”期间相比，2021 年国控断面（点位）由 36 个调整为 49 个，省控断面（点位）由 106 个调整为 144 个。

监测频次：每月监测 1 次，其中未建水质自动监测站的断面，所有指标按照采测分离方式开展手工监测；建有水质自动监测站的断面，9 项基本指标开展实时、自动监测，其余指标开展手工监测。

监测项目：每月监测项目为“9+X”，现场增测水深、河宽，入海河流感潮断面增测盐度。其中，“9”为基本指标，包括水温、pH、溶解氧、电导率、浊度、高锰酸盐指数、氨氮、总磷、总氮（湖库增测叶绿素 a、透明度等指标）；“X”为特征指标，是《地表水环境质量标准》（GB 3838—2002）表 1 基本项目中，除 9 项基本指标外上一年及当年断面超过Ⅲ类标准限值的指标，如断面考核目标为Ⅰ类或Ⅱ类，则为超过Ⅰ类或Ⅱ类标准限值的指标。每季度第 1 个月开展 1 次《地表水环境质量标准》（GB 3838—2002）表 1 全指标（粪大肠菌群除外）及流量采测分离监测。

（二）水功能区

根据《海南省水功能区划（修编）》，海南省共划分 65 个水功能区，其中 24 个被纳入国家重要水功能区进行考核。全省 65 个水功能区包括一级水功能区 26 个（保护区 16 个、保留区 10 个）、二级水功能区 39 个（饮用水水源区 15 个、农业用水区 15 个、工业用水区 7 个、景观娱乐用水区 2 个），共布设 57 个监测断面（点位）。其中，24 个重要江河湖泊水功能区被纳入国家考核，设有 18 个监测断面（点位）。

2021 年，海南省 65 个水功能区中 57 个代表断面全部纳入地表水国控、省控断面（点位）。其中，兼为国控的水功能区代表断面有 31 个，兼为省控的水功能区代表断面有 26 个，监测频次、监测项目同地表水。

四、城市（镇）饮用水水源地监测网络

海南省18个市县（不含三沙市）共监测32个在用集中式生活饮用水水源地，其中地表水型水源地31个（河流型13个、湖库型18个）、地下水型水源地1个。

监测频次：地级城市每月监测1次，县及县级市每季度监测1次。

监测项目：地表水水源地监测项目为《地表水环境质量标准》（GB 3838—2002）表1的基本项目（23项，化学需氧量除外）、表2的补充项目（5项）和表3的优选特定项目（33项），共61项；并统计当月取水量，另外河流型水源不监测总氮，湖库型水源增加叶绿素a和透明度。地下水水源地监测《地下水质量标准》（GB/T 14848—2017）表1的常规指标（37项，不含总α放射性、总β放射性），并统计当月取水量。

五、地下水环境质量监测网络

2021年，海南省地下水环境质量监测网共75个监测点位，其中包括29个国家地下水环境质量考核点位和46个省级监测点位，点位覆盖全省19个市县、海南岛全部地下水类型和三沙市岛屿地下水。与“十三五”期间相比，新增18个国家地下水环境质量考核点位和46个省级监测点位。

监测频次：水源地点位枯水期和丰水期各监测1次，其余点位丰水期监测1次。

监测项目：《地下水质量标准》（GB/T 14848—2017）表1常规指标中的29项，包括pH、硫酸盐、氯化物、铁、锰、铜、锌、铝、挥发性酚类（以苯酚计）、阴离子表面活性剂、耗氧量（COD_{Mn}法，以O_2计）、氨氮（以N计）、硫化物、钠、亚硝酸盐（以N计）、硝酸盐（以N计）、氰化物、氟化物、碘化物、汞、砷、硒、镉、六价铬、铅、三氯甲烷、四氯化碳、苯和甲苯。

六、海洋环境质量监测网络

（一）海水水质

2021年，海南省近岸海域共布设117个监测点位，其中国控监测点位66个，省控监测点位51个。与“十三五”时期相比，生态环境主管部门监测的近岸海域海水水质监测点位由原来的88个增加至现在的117个。

监测频次：国控点全年开展3期近岸海域海水水质监测，具体监测时间为春季（4—

5月）、夏季（7—8月）、秋季（10—11月）；省控点于春季、夏季开展2期监测。

春季、秋季监测项目：风速、风向、海况、天气现象、水深、水温、水色、盐度、透明度、叶绿素a、pH、溶解氧、化学需氧量、活性磷酸盐、亚硝酸盐氮、硝酸盐氮、氨氮、石油类、悬浮物质。

夏季监测项目：全项目，即漂浮物质、色、臭、味、悬浮物质、盐度、pH、溶解氧、生化需氧量、石油类、六价铬、汞、砷、氰化物、硫化物、挥发酚、苯并[*a*]芘、阴离子表面活性剂、营养盐项目（活性磷酸盐、亚硝酸盐氮、硝酸盐氮、氨氮、无机氮、化学需氧量、非离子氨）、菌类（大肠菌群、粪大肠菌群）、重金属（铜、锌、总铬、六价铬、镉、铅、硒、镍）、有机氯（六六六、滴滴涕）、有机磷（马拉硫磷、甲基对硫磷）、总氮、总磷、叶绿素a，以及水文及气象指标（风向、风速、天气现象、水温、水色、水深、透明度、海况）。

（二）海水浴场

2021年，海南省共有3个国家重点海水浴场开展水质监测，分别为假日海滩浴场、大东海浴场、亚龙湾浴场，6—9月每周监测1次，监测项目包括水温、pH、石油类、粪大肠菌群、漂浮物质和溶解氧共6项。

（三）典型海洋生态系统健康状况

2021年，海南省近岸海域典型海洋生态系统健康状况监测覆盖西沙群岛、海南岛东海岸和西海岸，主要包括珊瑚礁、海草床、红树林生态系统，共85个监测点位，包括54个国控点和31个省控点。与“十三五”期间相比，新增31个省控点。

54个国控点中包括东海岸13个海草床监测点位、20个珊瑚礁监测点位及西沙群岛21个珊瑚礁监测点位。其中，东海岸的20个珊瑚礁监测点位覆盖鹿回头、西岛、蜈支洲岛、龙湾、铜鼓岭、长圮港、亚龙湾、大东海、小东海、红塘湾10个海域；西沙群岛的21个珊瑚礁监测点位覆盖永兴岛、西沙州、赵述岛、北岛、晋卿岛、甘泉岛6个海域。东海岸的13个海草床监测点位覆盖高隆湾、长圮港、龙湾、新村港、黎安港5个海域。

31个省控点中包括西海岸11个珊瑚礁监测点位、4个海草床监测点位、8个红树林监测点位及8个生物多样性监测点位。其中，11个珊瑚礁监测点位覆盖大铲礁、排浦、邻昌岛、美夏、海尾5个海域，4个海草床监测点位覆盖临高红牌和马袅2个海域，8个红树林监测点位覆盖海南东寨港国家级自然保护区和临高新盈红树林分布区2个区域，

8 个生物多样性监测点位覆盖西沙群岛。

监测频次：每年监测 1 次，西沙群岛珊瑚礁生态系统于 7 月开展监测，东海岸、西海岸珊瑚礁生态系统于 8—9 月开展监测，东海岸、西海岸海草床生态系统于 8 月开展监测，红树林生态系统则根据群落区系特征确定监测时间。

监测项目：

（1）珊瑚礁区域监测水环境质量、生物质量、栖息地状况、生物群落状况 4 类项目。其中，水环境质量监测项目包括 pH、悬浮物、活性磷酸盐、无机氮、叶绿素 a 等；生物质量监测项目包括总汞、镉、铅、砷、石油烃等；栖息地状况监测项目包括活珊瑚覆盖度、大型底栖藻类盖度；生物群落状况监测项目包括软、硬珊瑚种类数，硬珊瑚补充量，珊瑚病害，珊瑚死亡率，珊瑚礁鱼类密度等。

（2）海草床区域监测水环境质量、沉积物质量、生物质量、栖息地状况、生物群落状况 5 类项目。其中，水环境质量监测项目包括透光率、盐度年度变化、悬浮物、活性磷酸盐、无机氮等；沉积物质量监测项目包括有机碳含量、硫化物含量等；生物质量监测项目同珊瑚礁；栖息地状况监测项目包括海草分布面积、沉积物主要组分含量年度变化等；生物群落状况监测项目包括海草盖度、海草生物量、海草密度、底栖动物生物量等。

（3）红树林区域监测水环境质量、生物质量、栖息地状况、生物群落状况 4 类项目。其中，水环境质量监测项目包括盐度年度变化、pH、活性磷酸盐、无机氮等；生物质量监测项目同珊瑚礁；栖息地状况监测项目包括红树林面积、土壤盐分年度变化等；生物群落状况监测项目包括红树林覆盖度、红树林密度、底栖动物密度、底栖动物生物量等。

（四）海洋垃圾和微塑料

2021 年，海南省共对海口湾、博鳌湾、三亚湾、洋浦湾 4 个区域开展海洋垃圾监测，并在南渡江、万泉河、昌化江入海口开展海洋漂浮微塑料监测工作。与“十三五”时期相比，新增博鳌湾、三亚湾、洋浦湾 3 个区域海洋垃圾监测，新增微塑料监测。

监测频次：每年监测 1 次，海洋垃圾于 10—12 月实施，海洋微塑料于 9 月实施。

监测项目：海洋垃圾监测项目包括海面漂浮垃圾、海滩垃圾、海底垃圾的种类、数量、重量；海洋微塑料监测项目包括海面漂浮微塑料的数量、成分、粒径和形状。

（五）重点港湾

2021 年，海南省重点港湾水质监测覆盖 12 个沿海市县（不含三沙市）25 个“湾长制”重点港湾。上半年共设监测点位 72 个；下半年为覆盖“湾长制”要求的功能区，共设监测点位 86 个。与“十三五”时期相比，新增重点港湾 13 个，新增监测点位 10 个。

监测频次：春季（4—5 月）和夏季（7—8 月）各监测 1 次，其中重金属于 8 月监测 1 次。

监测项目：盐度、pH、溶解氧、化学需氧量、活性磷酸盐、亚硝酸盐氮、硝酸盐氮、氨氮、石油类、叶绿素 a、悬浮物、总氮、总磷、重金属（铜、锌、铬、汞、镉、铅、砷）。

七、声环境质量监测网络

（一）区域声环境质量

2021 年，海南省区域昼间声环境质量监测点位共 2 167 个，覆盖 18 个市县（不含三沙市），各市县监测总面积为 387.18 km^2。与“十三五”时期相比，儋州、文昌、东方、定安、屯昌、昌江、乐东、白沙、保亭、琼中 10 个市县区域声环境质量监测点位进行了优化调整。

监测频次：每年监测 1 次。

监测项目：等效声级（L_{eq}）、L_{10}、L_{50}、L_{90}、L_{max}、L_{min}、标准偏差（SD）。

（二）道路交通声环境质量

2021 年，海南省道路交通昼间声环境质量监测点位共 476 个，覆盖 18 个市县（不含三沙市），监测路段共 371 条。与“十三五”时期相比，儋州、文昌、东方、定安、屯昌、昌江、乐东、白沙、保亭、琼中 10 个市县道路交通声环境质量监测点位进行了优化调整。

监测频次：每年监测 1 次。

监测项目：等效声级（L_{eq}）、L_{10}、L_{50}、L_{90}、L_{max}、L_{min}、标准偏差（SD）、车流量。

（三）功能区声环境质量

2021 年，海南省各类功能区声环境质量监测点位共 140 个，覆盖 18 个市县（不含三沙市）。海口、昌江 2 个市县无 0 类区；琼海、定安、陵水 3 个市县无 0 类区和 4b 类区；东方市无 0 类区和 3 类区；三亚、儋州、五指山、文昌、万宁、屯昌、澄迈、临高、白沙、乐东、保亭、琼中 12 个市县无 0 类区、3 类区、4b 类区。与“十三五”时期相比，三亚、琼海、陵水、万宁、澄迈、临高 6 个市县监测点位不变，其余 12 个市县监测点位进行了优化调整，其中海口市功能区声环境质量由手工监测调整为自动监测。

监测频次：每季度监测 1 次，共监测 1 014 点次，昼间、夜间各监测 507 点次。

监测项目：等效声级（L_{eq}）、L_{10}、L_{50}、L_{90}、L_{max}、L_{min}、标准偏差（SD）。

八、生态质量监测网络

2021 年，海南省生态质量监测范围覆盖 18 个市县（不含三沙市）。

数据来源：基于国产高分 / 资源卫星影像（分辨率优于 3 m），采用目视解译的方法进行空间分布信息遥感提取，形成原始影像数据、空间分布矢量数据。

监测频次：每年监测 1 次。

主要步骤：（1）遥感影像数据的收集及预处理；（2）基于典型要素遥感解译标志，经目视判读，实现信息面向对象的遥感解译与分类提取；（3）对遥感分类结果实地核查和精度验证，对遥感分类结果进行修正和优化，最终获得空间分布矢量数据；（4）基于 ArcGIS 软件空间分析功能，对所得海南省土地利用类型数据、岸线数据、生态保护红线数据、地级市建成区绿地数据、植被覆盖度（NDVI）数据等进行统计计算，通过《区域生态质量评价办法（试行）》计算得出全省及各市县生态质量指数（EQI）及其分指数。

九、辐射环境质量监测网络

2021 年，海南省辐射环境质量监测点位共 45 个，包括陆域 13 个辐射环境空气自动监测站、12 个累积剂量监测点、1 个宇宙射线响应监测点、5 个水体监测点（3 个饮用水水源监测点、1 个地表水监测点、1 个地下水监测点）、4 个土壤监测点和 4 个电磁辐射监测点、近岸海域 3 个海水监测点和 3 个海洋生物监测点。监测点位覆盖 11 个市县，涉及空气吸收剂量率、空气、水体、生物、土壤和电磁辐射共 6 类要素 31 个监测项目。与“十三五”时期相比，新增儋州市雅星站和乐东县永明路站 2 个辐射环境空气自动监测站。

监测频次及监测项目如下：

13 个自动站开展空气吸收剂量率连续监测，并根据站点采样功能开展气碘、气溶胶、沉降物、降水、氚化水蒸气及氡监测。海口红旗站监测空气中碘 -131（1 次 / 季）；气溶胶中 γ 核素、钋 -210、铅 -210（1 次 / 月），锶 -90、铯 -137（1 次 / 月，累积 1 年测量）；沉降物 γ 核素（1 次 / 季，累积样），锶 -90、铯 -137（1 次 / 季，累积 1 年测量）；

降水氚（累积样，1 次 / 季）；氚化水蒸气（1 次 / 年）；空气中氡（1 次 / 季，累积样）。儋州市雅星站和乐东县永明路站监测空气中碘 -131（1 次 / 季）；气溶胶 γ 核素（1 次 / 月），锶 -90、铯 -137（1 次 / 月，累积 1 年测量）；沉降物 γ 核素（1 次 / 季），锶 -90、铯 -137（1 次 / 季，累积 1 年测量）。其余 10 个站监测气溶胶 γ 核素（1 次 / 季），锶 -90、铯 -137（1 次 / 季，累积 1 年测量）；除白驹大道站、三亚榆亚站和三沙站外的 7 个具备气碘和沉降物采样功能的站点开展空气中碘 -131 监测（1 次 / 季），沉降物 γ 核素监测（1 次 / 季），锶 -90、铯 -137 监测（1 次 / 季，累积 1 年测量）。

12 个累积剂量监测点监测空气吸收剂量率，1 次 / 季。

8 个水体监测点中，儋州松涛水库地表水监测总 α、总 β、铀、钍、镭 -226、锶 -90、铯 -137（枯水期、平水期各 1 次）；南渡江海口龙塘段饮用水水源地水监测总 α、总 β、铀、钍、镭 -226、锶 -90、铯 -137（1 次 / 半年），其余点位监测总 α、总 β（1 次 / 年）；地下水监测铀、钍、镭 -226、总 α、总 β（1 次 / 年）；海水监测铀、钍、镭 -226、锶 -90、铯 -137、氚（1 次 / 年）。

3 个海洋生物点监测 γ 核素、钋 -210、铅 -210、锶 -90、铯 -137，1 次 / 年。

4 个土壤监测点监测 γ 核素，1 次 / 年。

4 个电磁监测点监测综合电场强度、工频电场强度、工频磁感应强度，1 次 / 年。

1 个宇宙射线响应监测点监测空气吸收剂量率，1 次 / 年。

第二章　评价方法与标准

一、环境空气质量评价方法与标准

城市空气质量评价依据《环境空气质量标准》（GB 3095—2012）及修改单[①]和《环境空气质量评价技术规范（试行）》（HJ 663—2013）。同时按照《关于印发〈城市环境空气质量排名技术规定〉的通知》（环办监测〔2018〕19号）要求计算6项指标的综合指数，对各市县环境空气质量进行综合污染评价及排名。

降尘标准限值按照海南省污染防治工作领导小组办公室《关于开展城乡扬尘专项整治行动的通知》3 t/（km^2·月）的要求进行达标评价。

二、降水质量评价方法与标准

降水质量评价依据《空气和废气监测分析方法（第四版）》中“空气中CO_2溶解与降水和从降水中逸出达到动态平衡时的pH约为5.60，因此通常称pH小于5.60的降水为酸雨”。以pH小于5.60作为酸雨判据，pH低于5.00的降水为较重酸雨，低于4.50的降水为重酸雨，酸雨城市指降水pH年均值低于5.60的城市。

降水pH平均值采用雨量加权平均值计算：

$$pH=-\log[H^+]$$

$$[H^+]_{平均}=\frac{\sum[H^+]_i\cdot V_i}{\sum V_i}$$

$$pH_{平均}=-\log[H^+]_{平均}$$

式中，$[H^+]_i$——第i次降水中的氢离子浓度，mol/L；

V_i——第i次降水的降水量，mm。

酸雨率是pH小于5.60的降水样品个数占降水样品总个数的百分率。

阴阳离子浓度平均值采用雨量加权平均值计算：

---

① 本书中涉及的修改单发布前监测数据均按修改单要求转换后参与评价。

$$[X]=\frac{\sum_{i=1}^{n}[X]_i\cdot V_i}{\sum_{i=1}^{n}V_i}$$

式中，$[X]_i$——第 i 次降水中某离子的浓度，mg/L；

V_i——第 i 次降水中的实测降水量，mm。

三、地表水环境质量评价方法与标准

地表水环境质量评价依据《地表水环境质量标准》（GB 3838—2002）、《“十四五”国家地表水监测及评价方案（试行）》（环办监测函〔2020〕714 号）、《地表水环境质量评价办法（试行）》（环办〔2011〕22 号）、《地表水环境质量监测数据统计技术规定（试行）》（环办监测函〔2020〕82 号），同时按照《城市地表水环境质量排名技术规定（试行）》（环办监测〔2017〕51 号）对各市县地表水环境质量进行排名。

选取海南省地表水水质定类指标，按照《地表水环境质量标准》（GB 3838—2002）Ⅲ类标准计算水质综合污染指数以评价水质的综合污染程度，评价指标包括高锰酸盐指数、化学需氧量、氨氮、总磷、五日生化需氧量和溶解氧。

河流、水系综合污染指数计算公式：

$$P=\frac{1}{m}\sum_{j=1}^{m}P_j$$

断面综合污染指数计算公式：

$$P_j=\frac{1}{n}\sum_{i=1}^{n}P_{ij}$$

除溶解氧外，单项污染指数计算公式：

$$P_{ij}=\frac{C_{ij}}{C_{i0}}$$

溶解氧污染指数计算公式：

$$P_{ij}=\begin{cases}0, C_{ij}\geqslant C_{饱(t)}\\ \dfrac{C_{饱(t)}-C_{ij}}{C_{饱(t)}-C_{标(t)}}, C_{ij}<C_{饱(t)}\end{cases}$$

式中，P——河流、水系的综合污染指数；

m——参与评价的河流断面数；

P_j——第 j 个断面的综合污染指数；

n——参与评价的污染项目数；

P_{ij}——第 j 个断面第 i 个指标的污染指数；

C_{ij}——第 j 个断面第 i 个指标的浓度；

C_{i0}——第 i 个指标的评价标准限值；

$C_{饱(t)}$——t 温度下的饱和溶解氧值，$C_{饱(t)}=477.8/(t+32.26)$；

$C_{标(t)}$——t 温度下相应水质类别的溶解氧标准值，$C_{标(t)}=C_{饱(t)}\times$ 饱和度，Ⅲ类标准对应的饱和度为60%。

四、饮用水水源地评价方法与标准

地表水型饮用水水源地评价依据《地表水环境质量标准》（GB 3838—2002）和《地表水环境质量评价办法（试行）》（环办〔2011〕22号），执行Ⅲ类水质标准；补充项目和优选特定项目33项执行相应标准限值。

地下水型饮用水水源地评价依据《地下水质量标准》（GB/T 14848—2017），执行Ⅲ类地下水质标准。

水质评价采用单因子评价法，分达标和不达标两类。城市（镇）集中式饮用水水源地达标率为年度达标水源数量之和与水源总数量的百分比，水源年度评价采用年内各月累计评价结果加和。

五、地下水环境质量评价方法与标准

地下水环境质量评价依据《地下水质量标准》（GB/T 14848—2017）中地下水质量综合评价方法，按单指标评价结果最差的类别确定监测点位的水质类别。

六、海洋环境质量评价方法与标准

（一）海水水质

近岸海域海水水质评价依据《海水水质标准》（GB 3097—1997）、《近岸海域环境监测技术规范　第十部分　评价及报告》（HJ 442.10—2020）、《海水质量状况评价技术规程（试行）》（海环字〔2015〕25号）。

海水水质评价采用面积法，评价指标为 pH、无机氮、活性磷酸盐、化学需氧量、石油类、溶解氧、铜、汞、镉、铅共 10 项；海水水质类别采用单因子评价法，即某一点位海水中任一评价指标超过一类海水标准值，该点位水质即为二类，超过二类海水标准值即为三类，依此类推。水质类别统计计算公式为

某类别海水的百分率（%）= 某类别水质总面积 / 监测总面积 ×100%

（二）海水浴场

海水浴场近岸海域水质评价依据《海水浴场监测与评价指南》（HY/T 0276—2019）。

（三）典型海洋生态系统健康状况

典型海洋生态系统健康状况评价依据《近岸海洋生态健康评价指南》（HY/T 087—2005）。

珊瑚礁、海草床生态系统海水水质评价依据《海水水质标准》（GB 3097—1997）和《近岸海域环境监测技术规范　第十部分　评价及报告》（HJ 442.10—2020）。海水水质类别采用单因子评价法，即某一点位海水中任一评价指标超过一类海水标准值，该点位水质即为二类，超过二类海水标准值即为三类，依此类推。

海草床生态系统沉积物评价依据《海洋沉积物质量》（GB 18668—2002）和《海洋沉积物质量综合评价技术规程（试行）》（海环字〔2015〕26 号），采用单因子污染指数评价法确定单个点位沉积物质量类别，再用点位计算法进行全省近岸海域沉积物质量类别评价。

（四）海洋垃圾和海洋微塑料

海洋垃圾评价依据《海洋垃圾监测与评价技术规程（试行）》（海环字〔2015〕31 号），海洋微塑料评价依据《海洋微塑料监测技术规程（试行）》（海环字〔2016〕13 号）。

（五）重点港湾

重点港湾水质评价依据《海水水质标准》（GB 3097—1997）。海水水质评价采用点位法，海水水质类别采用单因子评价法，全年数据为上半年、下半年的平均值，分上半年、下半年两期进行数据处理和评价。达标评价依据《关于印发〈海南省全面推行湾长

制实施方案〉的通知》（琼办发〔2021〕8 号）确定的水质目标。

七、声环境质量评价方法与标准

区域声环境质量、道路交通声环境质量、功能区声环境质量评价依据《环境噪声监测技术规范　城市声环境常规监测》（HJ 640—2012）和《声环境质量标准》（GB 3096—2008）。

八、生态质量评价方法与标准

2021 年，海南省生态质量评价以地市级和县（市）级为单元，主要是通过构建指标体系计算生态质量指数（EQI），并根据生态质量指数，将生态质量类型分为一类、二类、三类、四类和五类。具体评价指标、方法和权重依据《区域生态质量评价办法（试行）》（环监测〔2021〕99 号）。

九、辐射环境质量评价方法与标准

辐射环境质量评价方法见表 1-2-1。

表 1-2-1　辐射环境监测结果评价方法

评价结论	监测对象	监测项目	评价对象	评价规则
本底涨落	环境 γ 辐射	空气吸收剂量率（连续）	小时均值	3σ 准则[①]；处于《中国环境天然放射性水平》中海南调查结果范围内；海南昌江核电厂外围监督性监测结果处于核电运行前本底调查测值范围内，或处于对照点测值范围内
		空气吸收剂量率（累积剂量）	小时均值	
		空气吸收剂量率（瞬时）	测值	
	空气、水、土壤、生物	总 α、总 β、钾 -40、铍 -7、铅 -210、钋 -210、铀、钍、铀 -238、钍 -232、镭 -226	样品测量值	3σ 准则[①]；海南昌江核电厂外围监督性监测结果处于核电运行前本底调查测值范围内，或处于对照点测值范围内
本底涨落或未见异常	空气、水、土壤、生物	氚、碳 -14、锶 -90、铯 -137	样品测量值	3σ 准则[①]；海南昌江核电厂外围监督性监测结果处于核电运行前本底调查测值范围内，或处于对照点测值范围内
		其余人工 γ 放射性核素	样品测量值	低于探测下限

续表

评价结论	监测对象	监测项目	评价对象	评价规则
高于或低于标准规定限值	湖库水、江水、饮用水水源地水	总α、总β	样品测量值	与《生活饮用水卫生标准》（GB 5749—2006）规定的放射性指标指导值比较
	海水	铯-137、锶-90	样品测量值	与《海水水质标准》（GB 3097—1997）中规定的限值比较
	地下水	总α、总β	样品测量值	与《地下水质量标准》（GB/T 14848—2017）中规定的Ⅲ类标准值比较
	海洋生物	镭-226、钋-210、铯-137、锶-90	样品测量值	与《食品中放射性物质限制浓度标准》（GB 14882—1994）中规定的放射性核素限制浓度比较
	环境电磁辐射	综合电场强度、工频电场强度、工频磁感应强度	测量值	与《电磁环境控制限值》（GB 8702—2014）中规定的相应频率范围公众曝露控制限值比较

注：①是指基于历年监测值统计平均值 ±3 倍标准偏差的范围时，除自然因素外，其他因素引起的可疑数据不参与统计；若点位发生变动或周围环境发生变化，则从变化之后起重新计算。原则上，当历年监测值数目小于 10 时，不进行 3σ 准则判断，可用与历年监测值范围比较的方法进行判断。统计历年监测值范围时，除自然因素外各种原因引起的高于本底水平的数据不参与统计，数据收集期限为点位启用至上年度。

第二篇
生态环境质量状况

第一章　环境空气

2021 年，海南省环境空气质量总体优良，优良天数比例为 99.4%；O_3 浓度达到二级标准，其余 5 项污染物浓度均达到一级标准。与 2020 年相比，2021 年海南省优良天数比例下降 0.1 个百分点；O_3 浓度上升 6 μg/m^3，CO 浓度下降 0.1 mg/m^3，$PM_{2.5}$、PM_{10}、SO_2 和 NO_2 浓度持平。

第一节　环境空气质量现状

一、海南省环境空气质量现状

（一）优良天数比例

2021 年，海南省环境空气质量总体优良，优良天数比例为 99.4%，其中优级天数比例为 83.1%，良级天数比例为 16.3%，轻度污染天数比例为 0.6%，无中度及以上污染天（图 2-1-1）。

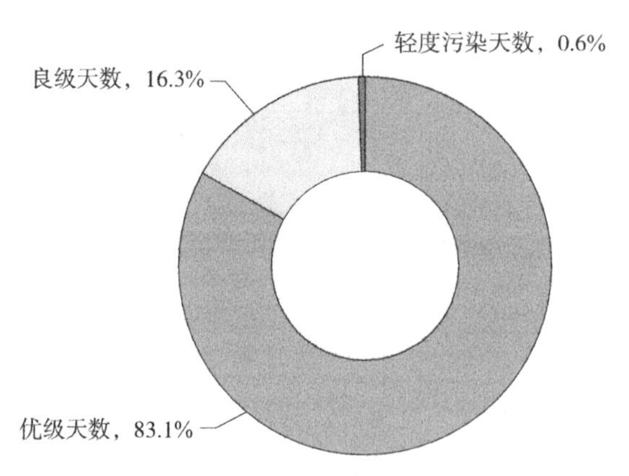

图 2-1-1　2021 年海南省环境空气各级天数比例

（二）主要污染物浓度

2021 年，海南省环境空气主要污染物浓度分别为细颗粒物（$PM_{2.5}$）浓度 13 μg/m^3、可吸入颗粒物（PM_{10}）浓度 25 μg/m^3、二氧化氮（NO_2）浓度 7 μg/m^3、二氧化硫（SO_2）浓度 5 μg/m^3、一氧化碳（CO）第 95 百分位数浓度 0.7 mg/m^3、臭氧（O_3）第 90 百分位数浓度 111 μg/m^3，其中 $PM_{2.5}$、PM_{10}、NO_2、SO_2 年均浓度及 CO 第 95 百分位数浓度均达到一级标准，O_3 第 90 百分位数浓度达到二级标准（图 2-1-2）。

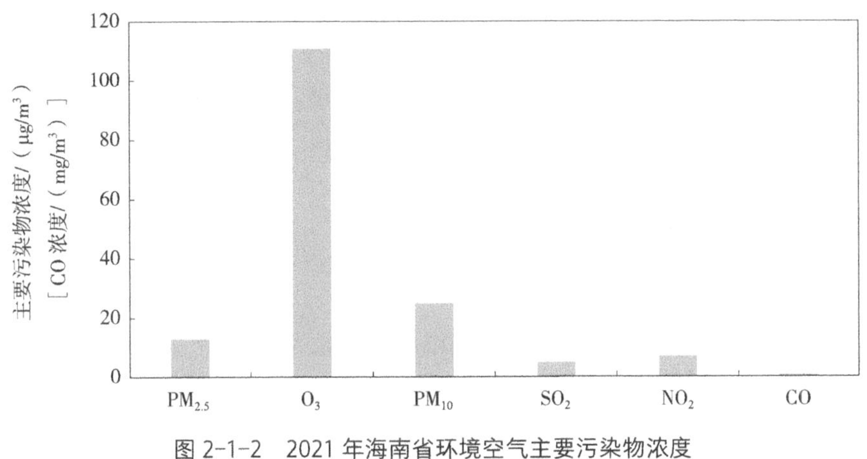

图 2-1-2　2021 年海南省环境空气主要污染物浓度

（三）环境空气质量综合指数

2021 年，海南省环境空气质量综合指数为 1.855，其中 O_3 单项质量指数为 0.694，$PM_{2.5}$ 单项质量指数为 0.371，PM_{10} 单项质量指数为 0.357，CO 单项质量指数为 0.175，NO_2 单项质量指数为 0.175，SO_2 单项质量指数为 0.083。各污染物单项质量指数的贡献从大到小依次为 37.4%（O_3）、20.0%（$PM_{2.5}$）、19.2%（PM_{10}）、9.4%（CO）、9.4%（NO_2）和 4.6%（SO_2），O_3、$PM_{2.5}$ 和 PM_{10} 对全省环境空气质量的影响较大（图 2-1-3）。

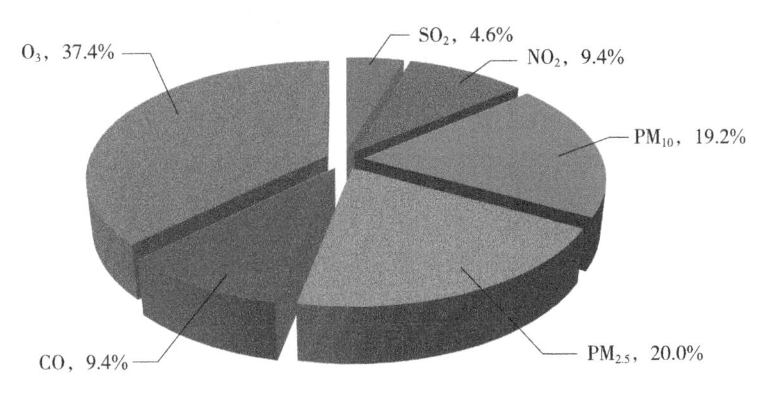

图 2-1-3　2021 年全省环境空气污染物污染贡献比例

二、各市县环境空气质量现状

（一）优良天数比例

2021 年，三亚、儋州、三沙、五指山、乐东、保亭、琼中 7 个市县优良天数比例为 100%；临高、海口、屯昌、文昌、万宁、东方、定安、澄迈、琼海、昌江、白沙、陵水 12 个市县出现 1～7 天轻度污染，优良天数比例为 98.0%～99.7%。

除临高有 1 天的超标污染物为 $PM_{2.5}$ 外，其余轻度污染天超标污染物均为 O_3。

（二）主要污染物浓度

1. $PM_{2.5}$

2021 年，海南省 19 个市县的 $PM_{2.5}$ 年均浓度为 9～17 μg/m³，临高和昌江 $PM_{2.5}$ 年均浓度达到二级标准，其余 17 个市县 $PM_{2.5}$ 年均浓度均达到一级标准；各市县 $PM_{2.5}$ 日平均浓度为 1～111 μg/m³，除有 1 天（临高）超出二级标准外，其余天数均达到二级标准，其中未达到一级标准的天数比例为 2.5%（175 天）。

2. PM_{10}

2021 年，海南省 19 个市县 PM_{10} 年均浓度范围为 20～31 μg/m³，均达到一级标准；PM_{10} 日平均浓度为 2～136 μg/m³，均达到二级标准，其中未达到一级标准的天数比例为 0.7%（48 天）。

3. O_3

2021 年，海南省 19 个市县 O_3 第 90 百分位数浓度为 95～129 μg/m³，其中三沙、五指山、琼中 O_3 第 90 百分位数浓度达到一级标准，其余市县达到二级标准；各市县 O_3 最大 8 h 滑动平均浓度为 3～213 μg/m³，其中未达到一级标准的天数比例为 15.8%（1 091 天），超过二级标准的天数比例为 0.6%（42 天）。

4. NO_2

2021 年，海南省 19 个市县 NO_2 年均浓度为 5～10 μg/m³，远低于一级标准；各市县 NO_2 日平均浓度为 1～41 μg/m³，远低于一级标准。

5. SO_2

2021 年，海南省 19 个市县 SO_2 年均浓度范围为 2～8 μg/m³，远低于一级标准；各市县 SO_2 日平均浓度范围为 1～36 μg/m³，远低于一级标准。

6. CO

2021 年，海南省 19 个市县 CO 第 95 百分位数浓度为 0.6～0.9 mg/m^3，远低于一级标准；各市县 CO 日平均浓度为 0.1～1.9 mg/m^3，远低于一级标准。

（三）环境空气质量级别与占比

2021 年，海南省的三沙、五指山、琼中 3 个市县环境空气质量级别为一级，占比为 15.8%；其余 16 个市县环境空气质量级别为二级，占比为 84.2%。海口、三亚、儋州、三沙、五指山、琼海、文昌、万宁、东方、定安、屯昌、澄迈、白沙、乐东、陵水、保亭、琼中 17 个市县 $PM_{2.5}$ 年均浓度达到一级标准，其余市县达到二级标准；三沙、五指山、琼中 3 个市县 O_3 第 90 百分位浓度达到一级标准，其余市县达到二级标准；19 个市县的 PM_{10}、NO_2、SO_2 年均浓度和 CO 第 95 百分位数浓度均达到一级标准（图 2-1-4）。

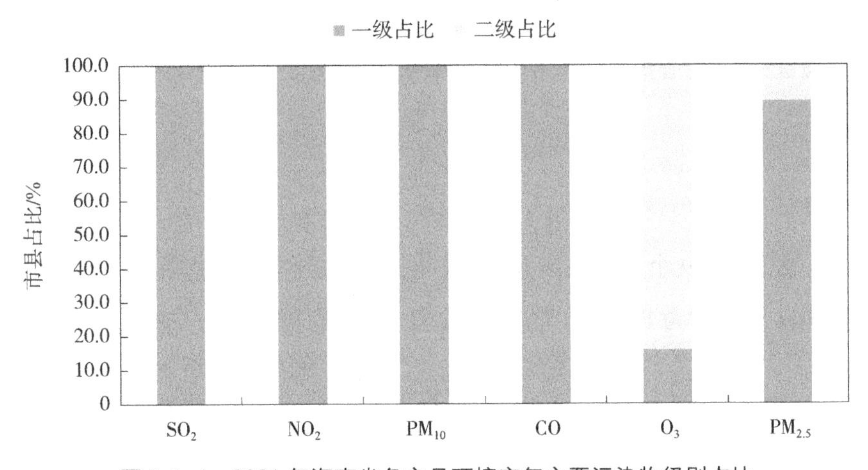

图 2-1-4　2021 年海南省各市县环境空气主要污染物级别占比

（四）环境空气质量综合指数及排名

2021 年，海南省 19 个市县环境空气质量综合指数为 1.580～2.210。三沙市的环境空气质量综合指数最低，为 1.580；五指山、保亭、乐东、陵水、琼中、三亚 6 个市县环境空气质量综合指数为 1.600～1.800；白沙、万宁、文昌、澄迈、屯昌、琼海 6 个市县的环境空气质量综合指数为 1.800～2.000；东方、儋州、定安、海口、昌江、临高 6 个市县环境空气质量综合指数大于 2.000（表 2-1-1）。

表 2-1-1　2021 年海南省各市县环境空气质量排名

排名	市县名称	环境空气质量综合指数	排名	市县名称	环境空气质量综合指数
1	三沙市	1.580	11	澄迈县	1.942
2	五指山市	1.633	12	屯昌县	1.945
3	保亭县	1.681	13	琼海市	1.960
4	乐东县	1.695	14	东方市	2.009
5	陵水县	1.749	15	儋州市	2.023
6	琼中县	1.757	16	定安县	2.043
7	三亚市	1.766	17	海口市	2.067
8	白沙县	1.865	18	昌江县	2.146
9	万宁市	1.911	19	临高县	2.210
10	文昌市	1.928	—	—	—

注：各市县环境空气质量综合指数差异较小，为方便各市县排名，保留 3 位小数。三沙市 2021 年起参与排名。

（五）首要污染物

2021 年，海南省 19 个市县共出现 43 天超标天，空气质量级别为轻度污染，除临高县有 1 天的超标污染物为 $PM_{2.5}$ 以外，其余超标污染物均为 O_3，临高、海口、屯昌、文昌、万宁、东方、定安、澄迈、琼海、昌江、白沙、陵水 12 个市县出现 1～7 天轻度污染。

19 个市县共出现 1 114 天良级天，首要污染物为 O_3、$PM_{2.5}$ 及 PM_{10}，占比分别为 89.6%、5.5%、5.9%，各市县出现的良级天数为 24～95 天，其中以 O_3 为首要污染物的天数占比为 70.8%～100%，以 $PM_{2.5}$ 为首要污染物的天数占比为 0～37.5%，以 PM_{10} 为首要污染物的天数占比为 0～11.8%，其中有 11 天出现 2 种首要污染物。

（六）降尘

2021 年，海南省降尘年均量为 2.05 t/（km^2·月），低于降尘标准限值 [3 t/（km^2·月）]。18 个市县（不含三沙市）降尘年均量范围为 0.99～3.12 t/（km^2·月），呈东北向西南逐渐降低的趋势。澄迈县降尘年均量为 3.12 t/（km^2·月），略高于降尘标准限值，其余市县均低于降尘标准限值。

全省降尘达标率为 86.1%；海口、三亚、儋州、五指山、东方、文昌、澄迈、临高、陵水、琼中 10 个市县存在超标情况。

第二节　环境空气质量时空变化规律分析

一、海南省环境空气质量时空变化规律分析

（一）日变化

2021 年，海南省 $PM_{2.5}$ 日内 1 h 平均浓度为 12～15 μg/m^3，波动幅度较小，最小值出现在 14—15 时，最大值出现在 19—23 时。

PM_{10} 日内 1 h 平均浓度为 24～28 μg/m^3，呈明显的双峰形日变化规律，峰值分别出现在 10—11 时和 19—20 时，最小值出现在 4—7 时和 14—15 时（图 2-1-5）。

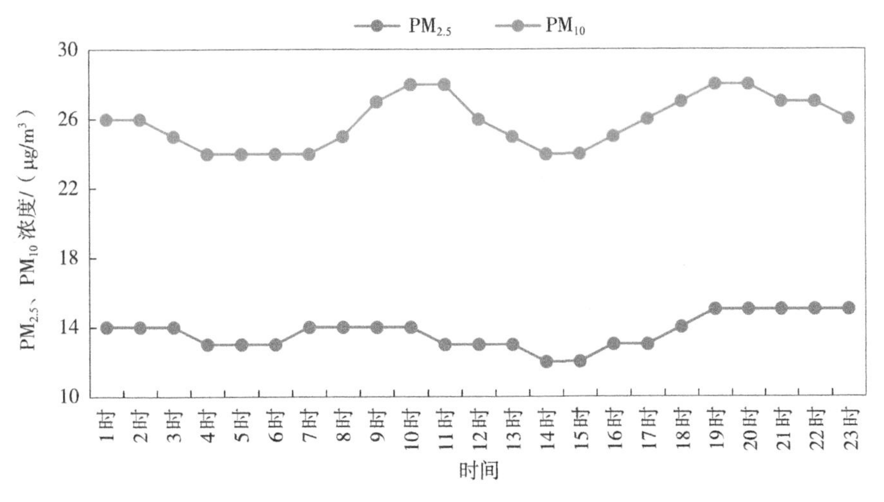

图 2-1-5　2021 年海南省 $PM_{2.5}$ 和 PM_{10} 的 1 h 平均浓度变化

O_3 日内 1 h 平均浓度为 39～72 μg/m^3，呈单峰形日变化规律，8 时达到最低值，从 9 时起 O_3 浓度逐渐上升，15—16 时达到峰值后浓度下降。

NO_2 日内 1 h 平均浓度为 5～10 μg/m^3，呈单峰形日变化规律，最高值 9 μg/m^3 出现在 8—9 时，最低值 5 μg/m^3 出现在 13—15 时，与 O_3 的峰值区 / 谷值区相反（图 2-1-6）。

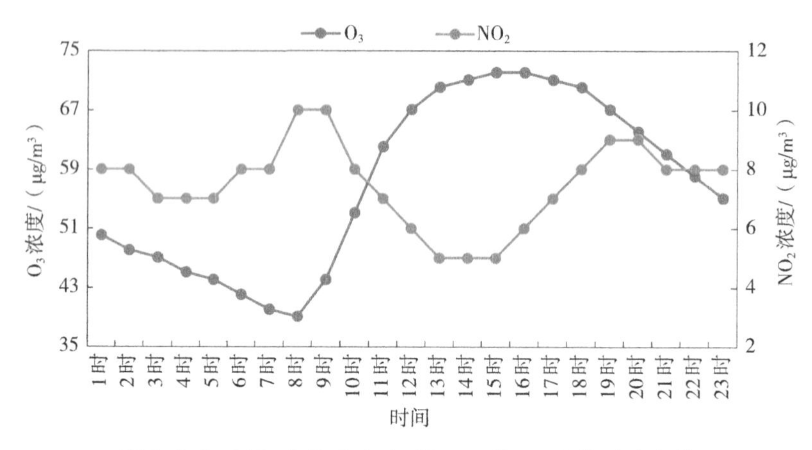

图 2-1-6　2021 年海南省 O_3 及 NO_2 的 1 h 平均浓度变化

SO_2 和 CO 日内 1 h 平均浓度均处于低浓度范围，其中 SO_2 的 1 h 平均浓度均为 5 μg/m^3，未发生变化；CO 的 1 h 平均浓度均为 0.5 mg/m^3，未发生变化。

（二）月变化

2021 年，海南省 $PM_{2.5}$ 和 PM_{10} 月均浓度分别为 8～27 μg/m^3、17～44 μg/m^3，变化趋势基本一致，5 月、7—10 月的月均浓度明显低于其余月份。其中，1 月、2 月、11 月和 12 月 $PM_{2.5}$ 月均浓度达到二级标准，其余月份 $PM_{2.5}$ 月均浓度均达到一级标准；1 月 PM_{10} 月均浓度达到二级标准，其余月份 PM_{10} 月均浓度均达到一级标准。

O_3 月均浓度为 65～137 μg/m^3，其中 1 月、2 月、11 月和 12 月月均浓度达到二级标准，其余月份 O_3 月均浓度均达到一级标准，且 5 月、7—9 月 O_3 月均浓度明显低于其余月份（图 2-1-7）。

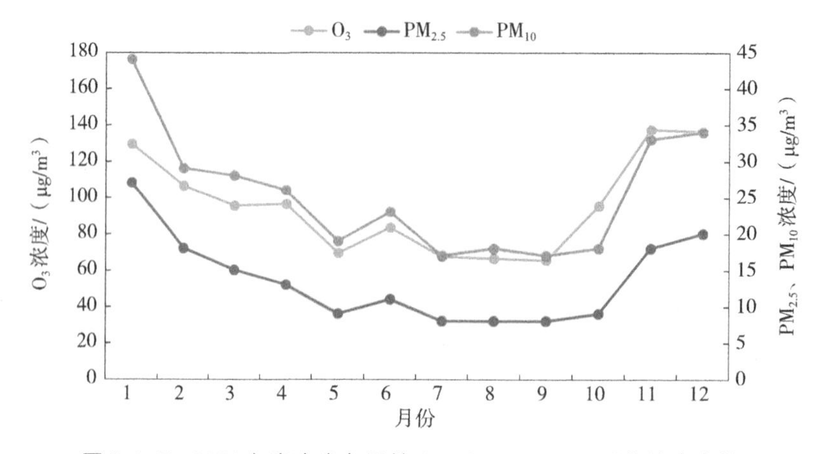

图 2-1-7　2021 年海南省各月份 O_3、$PM_{2.5}$ 及 PM_{10} 月均浓度变化

SO_2、NO_2 和 CO 月均浓度均在低浓度范围内波动。SO_2 月均浓度为 4～6 μg/m^3；NO_2 月均浓度为 6～13 μg/m^3，波动较为明显，1 月、11 月和 12 月出现高值；CO 月均浓度为 0.5～0.8 mg/m^3（图 2-1-8）。

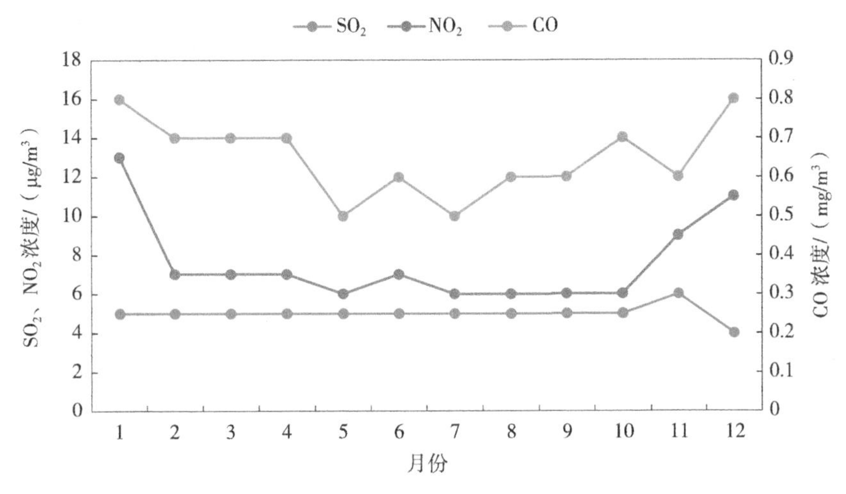

图 2-1-8　2021 年海南省各月份 SO_2、NO_2 及 CO 月均浓度变化

（三）季风转变空气质量变化

海南省为热带海洋性季风气候，冬季受蒙古高压及地转偏向力的影响，9 月至次年 4 月盛行风向一般以东北风为主；夏季则受印度低压影响，5—8 月以偏南风为主（图 2-1-9）。

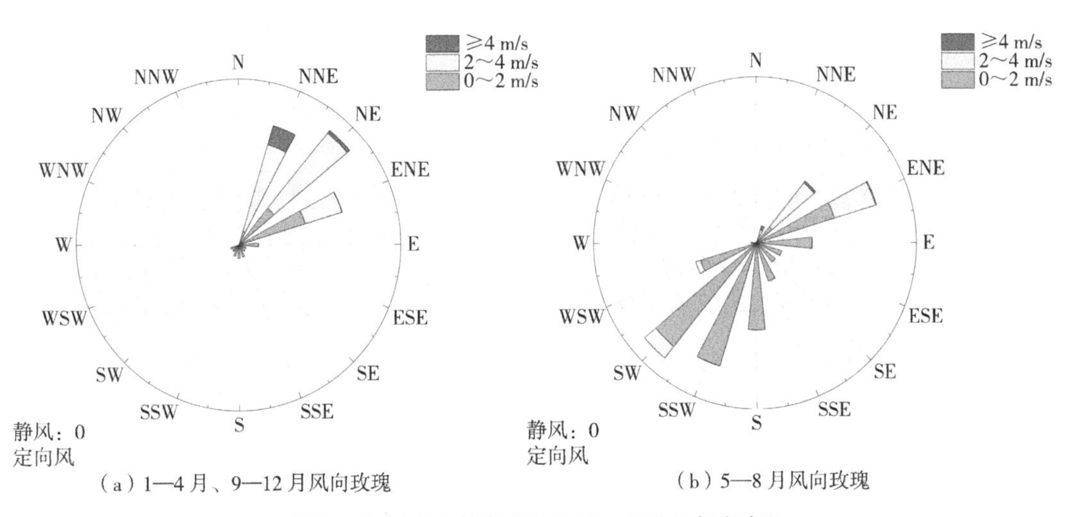

图 2-1-9　2021 年海南省冬季、夏季风向玫瑰图

2021 年，海南省环境空气质量受季风气候影响明显，盛行风向以东北风为主时（1—4 月、9—12 月），全省环境空气优良天数比例为 99.1%，O_3、$PM_{2.5}$、PM_{10} 浓度分别为 121 μg/m³、16 μg/m³、29 μg/m³；盛行风向以偏南风为主时（5—8 月），优良天数比例为 100%，O_3、$PM_{2.5}$、PM_{10} 浓度分别为 75 μg/m³、9 μg/m³、19 μg/m³，优良天数比例上升 0.9 个百分点，主要污染物 O_3、$PM_{2.5}$、PM_{10} 浓度分别下降 38.0%、52.6% 和 44.8%（图 2-1-10）。

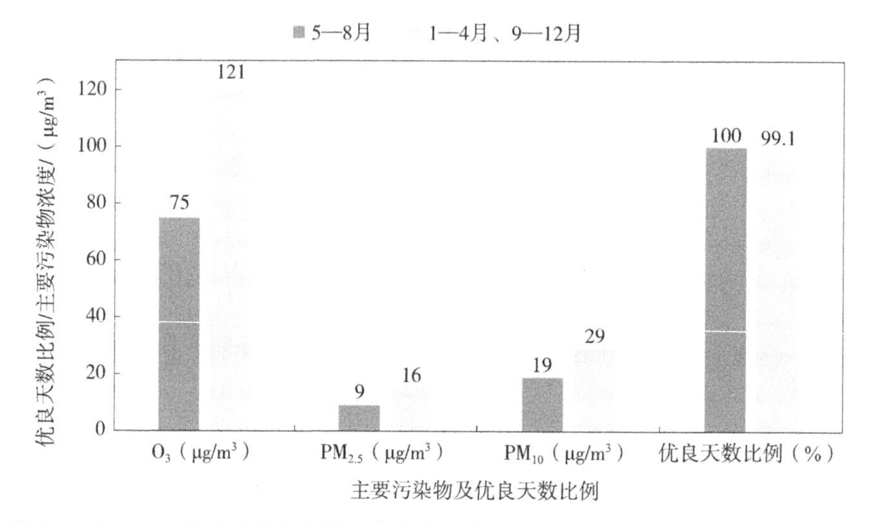

图 2-1-10　2021 年季风转变条件下海南省环境空气优良天数比例和主要污染物对比

二、各市县环境空气质量时空变化规律分析

（一）时间变化规律

1. 各市县日变化规律

2021 年 6—9 月，海南省 19 个市县环境空气质量基本为优；1—4 月，全省 19 个市县环境空气质量以优良为主，海口、定安、文昌、万宁、东方、临高 6 个市县均出现 1～3 天轻度污染；11—12 月，空气质量明显转差，以优良为主，个别时间段出现大范围轻度污染天（图 2-1-11）。

2. 各市县主要污染物浓度月变化规律

2021 年，海南省 19 个市县 $PM_{2.5}$ 各月月均浓度为 4～35 μg/m³，1 月、11—12 月各市县的月均浓度差异较大，5—9 月各市县的月均浓度差异较小（图 2-1-12）。

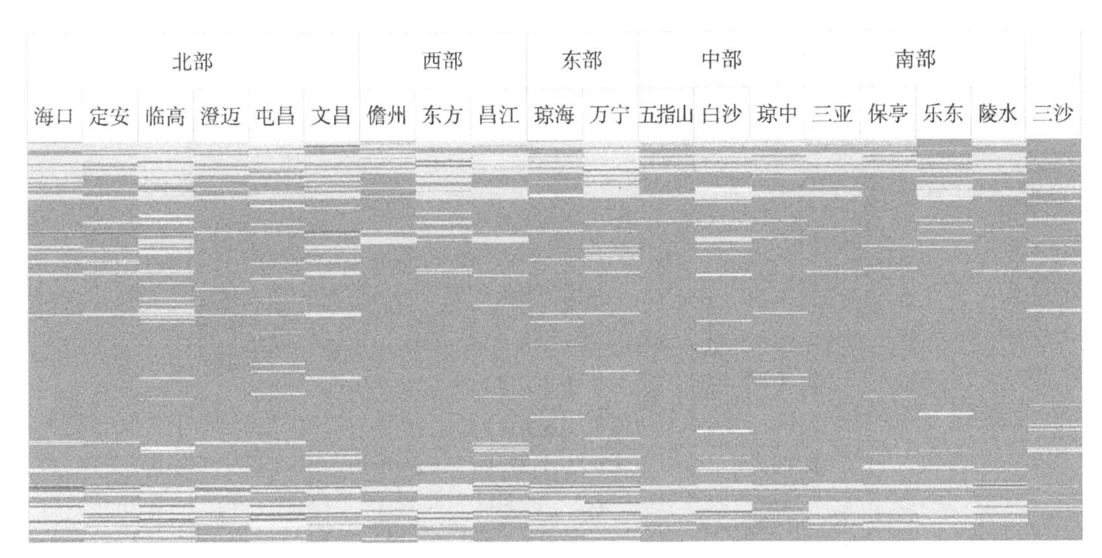

图 2-1-11　2021 年海南省各市县环境空气质量日历

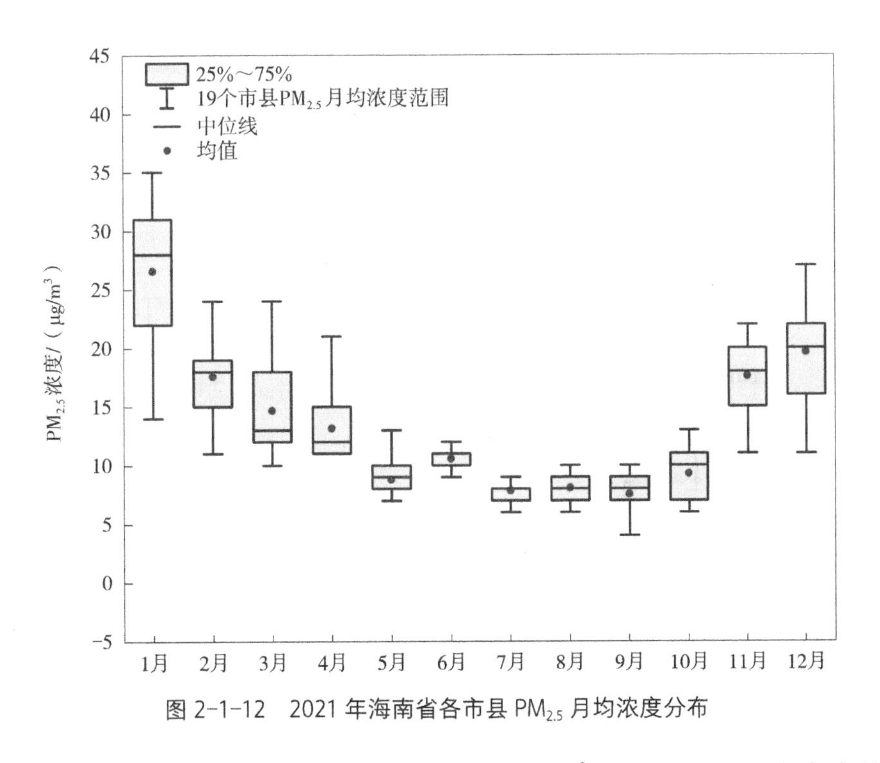

图 2-1-12　2021 年海南省各市县 $PM_{2.5}$ 月均浓度分布

海南省 19 个市县 PM_{10} 各月月均浓度为 12～59 μg/m^3，1 月、11—12 月各市县月均浓度差异较大，7—9 月各市县月均浓度差异较小（图 2-1-13）。

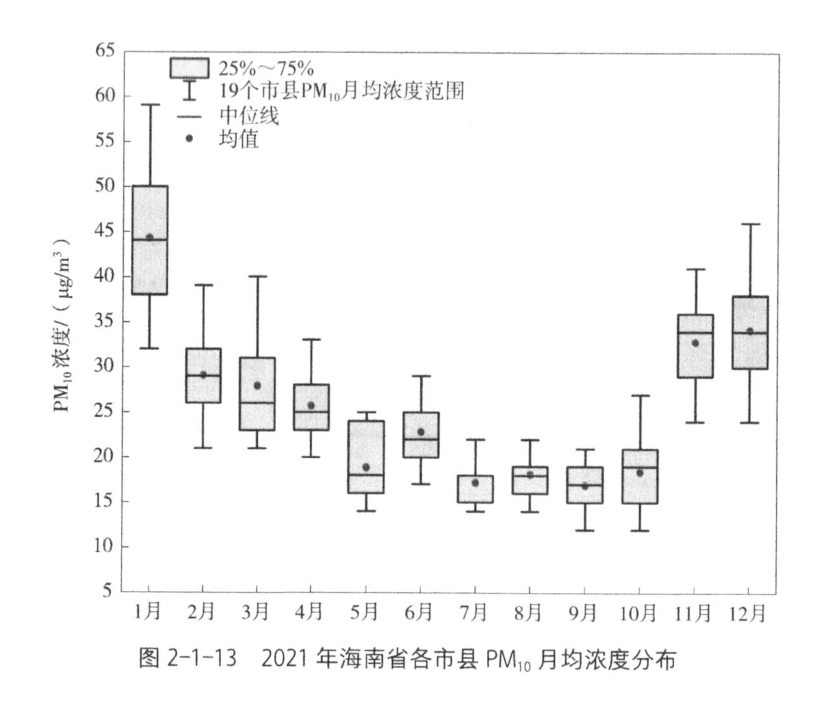

图 2-1-13　2021 年海南省各市县 PM_{10} 月均浓度分布

海南省 19 个市县 O_3 各月月均浓度为 52～161 μg/m³，11—12 月各市县月均浓度差异较大，7—9 月各市县月均浓度差异较小（图 2-1-14）。

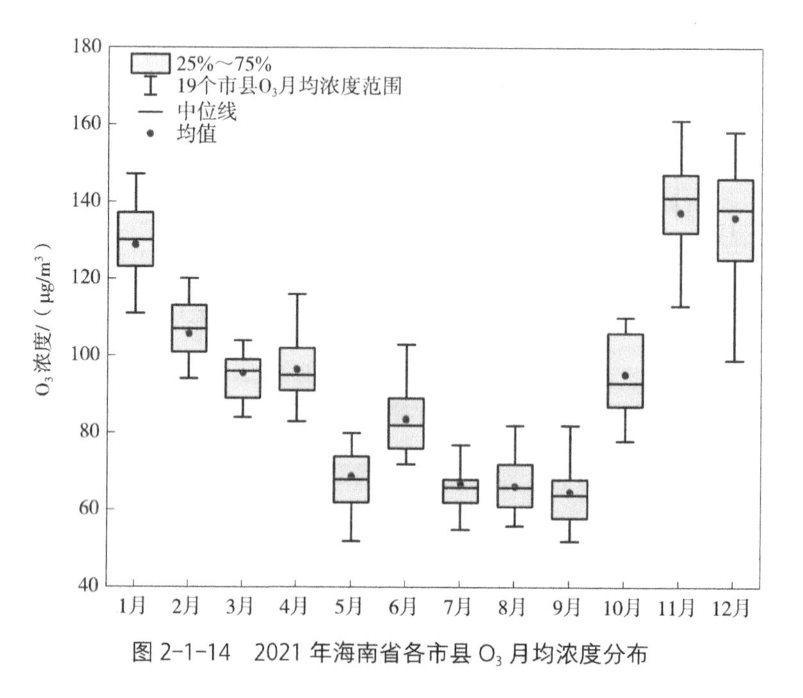

图 2-1-14　2021 年海南省各市县 O_3 月均浓度分布

海南省 19 个市县 SO_2、NO_2、CO 各月月均浓度分别为 1～10 μg/m³、3～19 μg/m³ 和 0.3～1.2 mg/m³，各市县差异不大。

（二）空间变化规律

2021 年，海南省环境空气 6 项主要污染物浓度均呈现北部、西部较高，中部、南部较低的分布规律。

海南省 19 个市县的 $PM_{2.5}$ 年均浓度为 9～17 μg/m³。其中，西部地区 $PM_{2.5}$ 年均浓度较大，地区均值达到 16 μg/m³，北部地区和东部地区均值也达到了 14 μg/m³，其中北部的临高县、西部的昌江县为较高值区；中部地区、南部地区 $PM_{2.5}$ 年均浓度较低，区域均值均为 12 μg/m³；三沙市 $PM_{2.5}$ 年均浓度最低，为 9 μg/m³（图 2-1-15）。

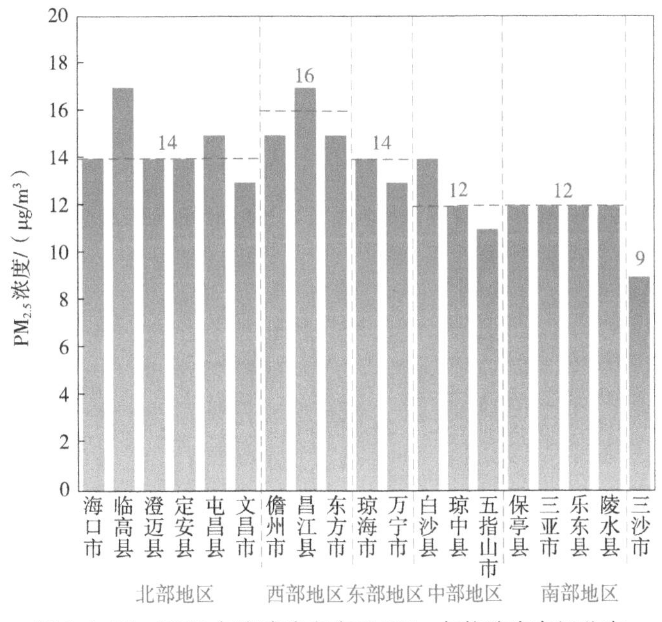

图 2-1-15　2021 年海南省各市县 $PM_{2.5}$ 年均浓度空间分布

海南省 19 个市县的 PM_{10} 年均浓度为 20～31 μg/m³。北部地区、西部地区浓度较高，均为 28 μg/m³，其中北部地区的定安县和临高县、西部地区的儋州市和昌江县为高值区；东部地区年均浓度为 26 μg/m³，南部地区和中部地区年均浓度较低，分别为 23 μg/m³、22 μg/m³；三沙市 PM_{10} 年均浓度为 26 μg/m³（图 2-1-16）。

海南省 19 个市县的 O_3 第 90 百分位数浓度为 95～129 μg/m³。北部地区浓度偏高，区域平均浓度达到 119 μg/m³，东部地区和西部地区均值次之，分别为 116 μg/m³ 和 113 μg/m³，高值区主要集中在北部地区的海口市和临高县，以及西部地区的东方市和东部地区的万宁市；中部地区和南部地区的区域均值较低，分别为 102 μg/m³ 和 105 μg/m³；三沙市浓度最低，为 95 μg/m³（图 2-1-17）。

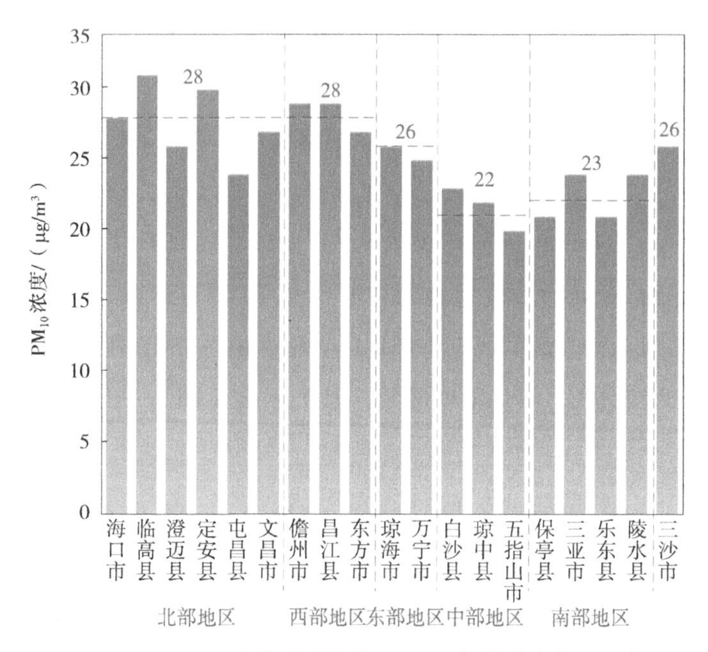

图 2-1-16　2021 年海南省各市县 PM$_{10}$ 年均浓度空间分布

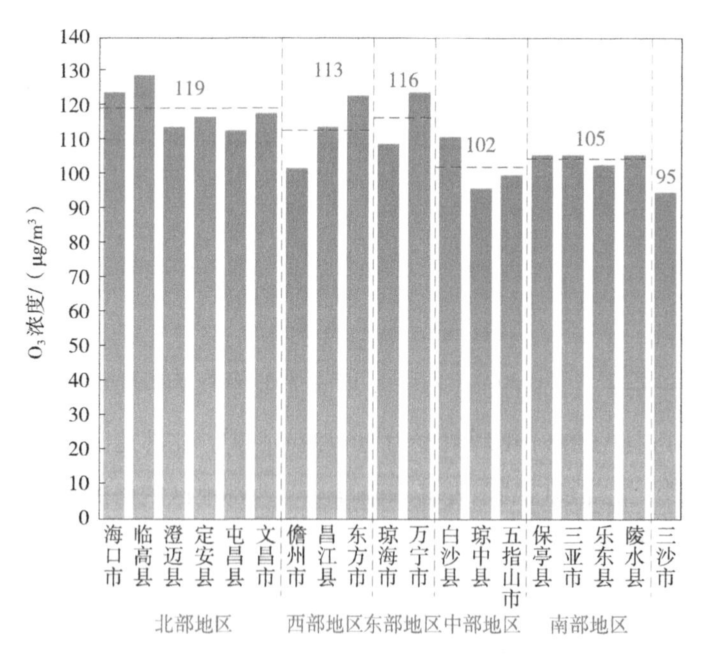

图 2-1-17　2021 年海南省各市县 O$_3$ 第 90 百分位数浓度空间分布

海南省 19 个市县的 SO_2 年均浓度为 2～8 μg/m^3。西部地区年均浓度较高，为 7 μg/m^3，其中昌江县浓度最高；北部地区、东部地区和中部地区年均浓度均为 5 μg/m^3；南部地区年均浓度较低，为 4 μg/m^3；三沙市年均浓度最低，为 2 μg/m^3（图 2-1-18）。

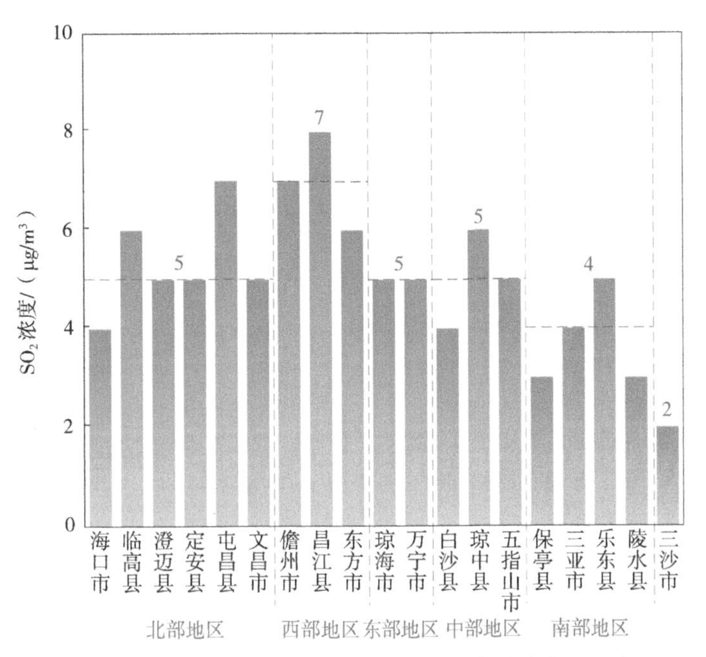

图 2-1-18 2021 年海南省各市县 SO_2 年均浓度空间分布

海南省 19 个市县的 NO_2 年均浓度为 5～10 μg/m^3。北部地区、西部地区年均浓度较高，均为 8 μg/m^3，其中北部地区海口市、西部地区儋州市为高值区；东部地区、中部地区、南部地区和三沙市年均浓度均为 7 μg/m^3（图 2-1-19）。

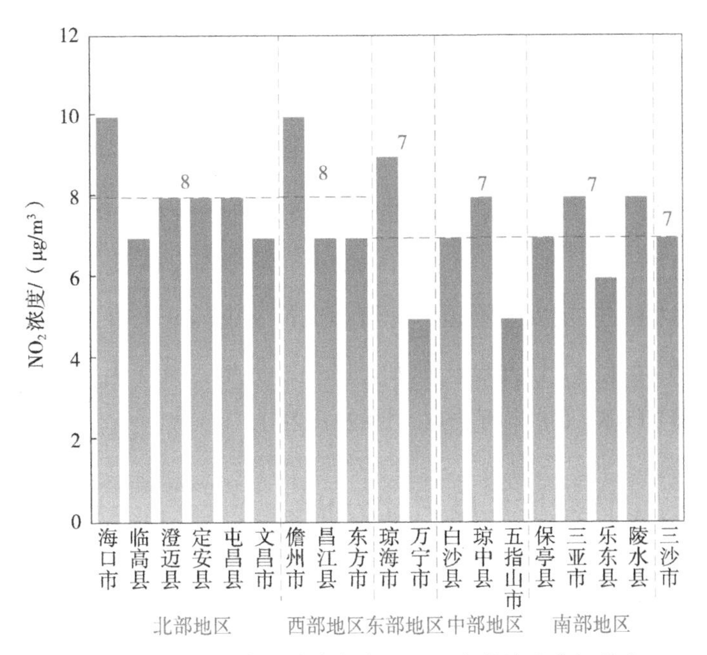

图 2-1-19 2021 年海南省各市县 NO_2 年均浓度空间分布

全省 19 个市县的 CO 第 95 百分位数浓度为 0.6～0.9 mg/m^3，各区域均处于低浓度水平（图 2-1-20）。

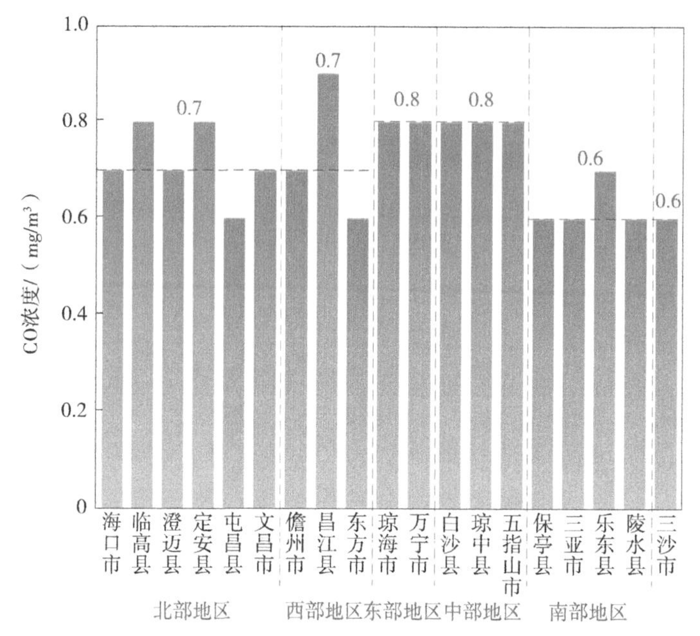

图 2-1-20　2021 年海南省各市县 CO 第 95 百分位数浓度空间分布

第三节　环境空气质量年度对比分析

一、优良天数比例年度对比分析

与 2020 年相比，2021 年海南省环境空气优良天数比例下降 0.1 个百分点；18 个市县（不含三沙市）中，三亚、儋州、五指山、陵水、琼中 5 个市县优良天数比例持平；海口、临高、白沙、万宁、定安、澄迈、琼海、文昌、屯昌 9 个市县优良天数比例略有下降，下降幅度为 0.2～1.1 个百分点；东方、保亭、乐东、昌江 4 个市县优良天数比例略有上升，上升幅度为 0.5～0.8 个百分点（图 2-1-21）。

二、主要污染物浓度年度对比分析

（一）$PM_{2.5}$

与 2020 年相比，2021 年海南省环境空气 $PM_{2.5}$ 年均浓度持平。18 个市县（不含三沙市）中，屯昌县和澄迈县 $PM_{2.5}$ 年均浓度分别下降 1 μg/m³、2 μg/m³；海口、儋州、定安、临高、白沙、陵水、保亭、琼中 8 个市县 $PM_{2.5}$ 年均浓度保持不变；其余市县 $PM_{2.5}$ 年均浓度均有不同程度的上升，上升幅度为 1～3 μg/m³（图 2-1-22）。

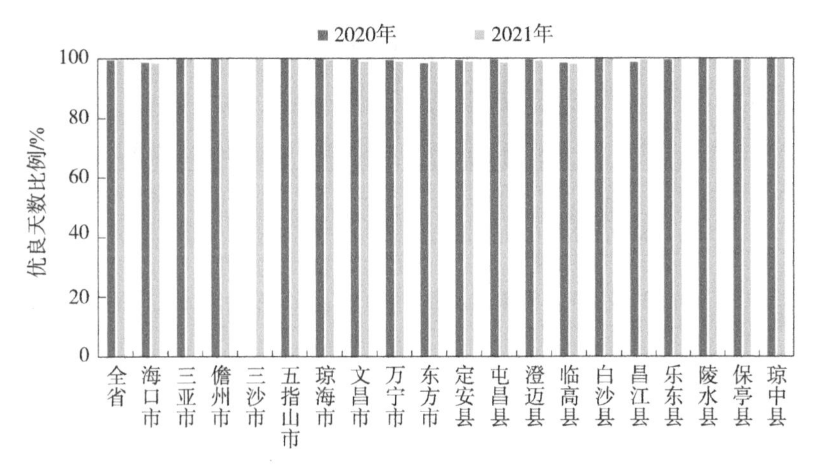

图 2-1-21　2021 年海南省及各市县环境空气优良天数比例同比变化情况

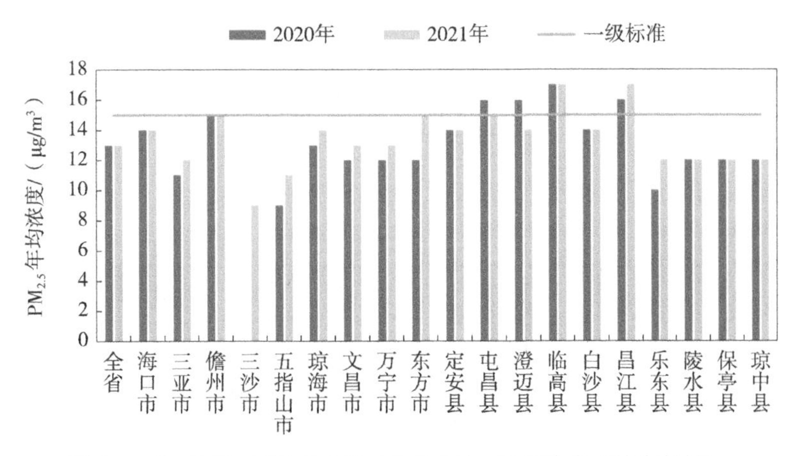

图 2-1-22　2021 年海南省及各市县 $PM_{2.5}$ 年均浓度同比变化情况

（二）PM_{10}

与 2020 年相比，2021 年海南省环境空气 PM_{10} 年均浓度持平。18 个市县（不含三沙市）中，海口、屯昌、澄迈、白沙 4 个市县 PM_{10} 年均浓度均下降了 1 μg/m³；万宁、昌江、保亭 3 个市县 PM_{10} 年均浓度保持不变；其余市县 PM_{10} 年均浓度均有不同程度的上升，上升幅度为 1～3 μg/m³（图 2-1-23）。

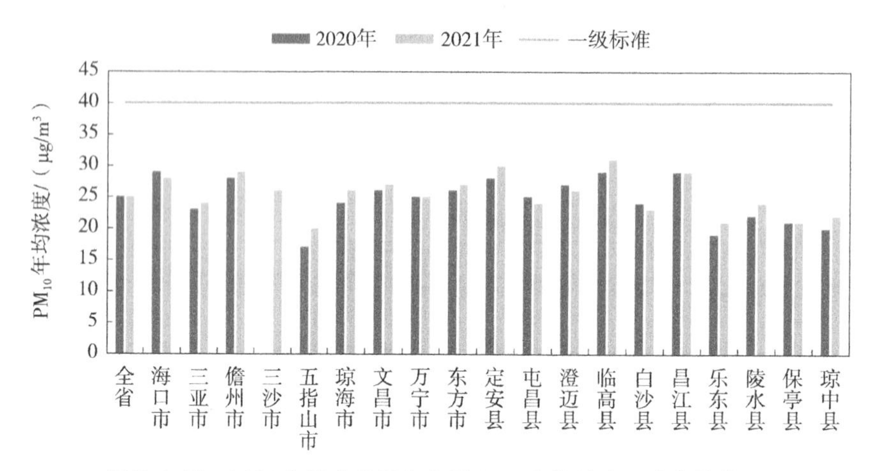

图 2-1-23　2021 年海南省及各市县 PM_{10} 年均浓度同比变化情况

（三）O_3

与 2020 年相比，2021 年海南省环境空气 O_3 第 90 百分位数浓度上升 6 μg/m³。18 个市县（不含三沙市）中，乐东县和保亭县 O_3 第 90 百分位数浓度均下降 1 μg/m³；其余市县 O_3 第 90 百分位数浓度均有不同程度的上升，上升幅度为 1～23 μg/m³（图 2-1-24）。

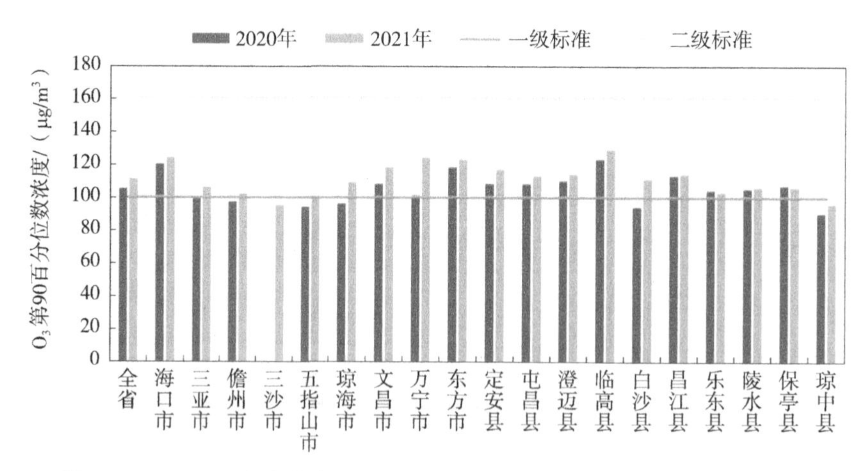

图 2-1-24　2021 年海南省及各市县 O_3 第 90 百分位数浓度同比变化情况

（四）NO_2

与 2020 年相比，2021 年海南省环境空气 NO_2 年均浓度持平。18 个市县（不含三沙市）中，东方市 NO_2 年均浓度下降了 3 μg/m³，其余市县 NO_2 年均浓度均在 ±2 μg/m³ 范围内波动（图 2-1-25）。

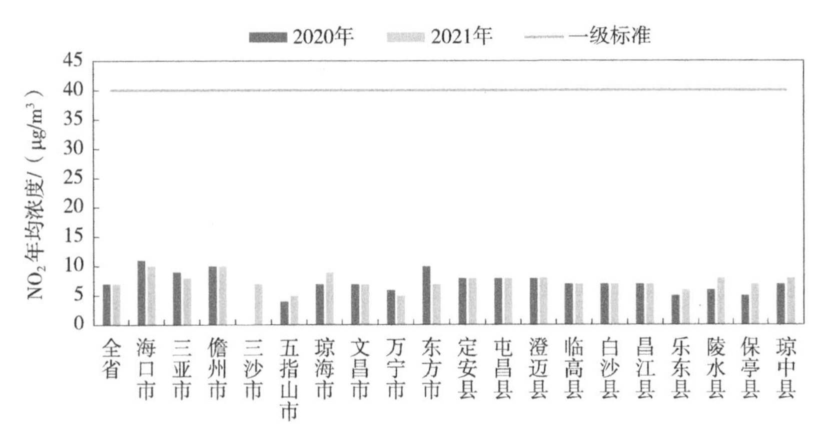

图 2-1-25　2021 年海南省及各市县 NO_2 年均浓度同比变化情况

（五）SO_2

与 2020 年相比，2021 年海南省环境空气 SO_2 年均浓度持平。18 个市县（不含三沙市）中，五指山市和屯昌县 SO_2 年均浓度上升 3 μg/m³，其余市县 SO_2 年均浓度均在 ±2 μg/m³ 范围内波动（图 2-1-26）。

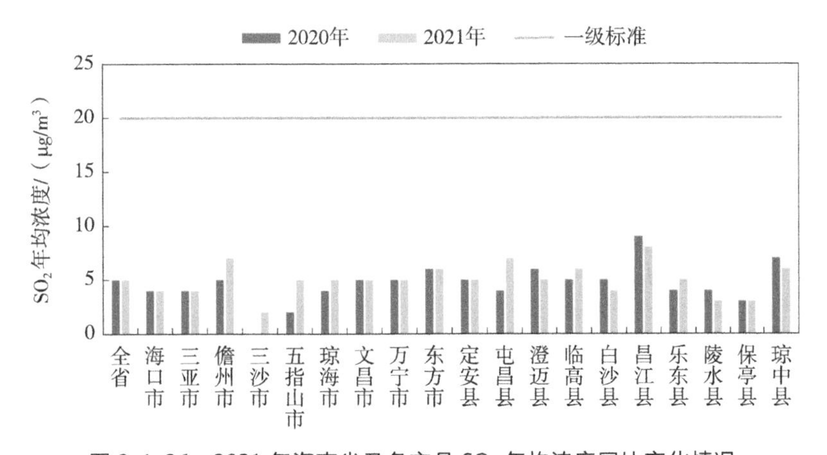

图 2-1-26　2021 年海南省及各市县 SO_2 年均浓度同比变化情况

（六）CO

与 2020 年相比，2021 年海南省 CO 第 95 百分位数浓度下降 0.1 mg/m³，18 个市县（不含三沙市）中，万宁市 CO 第 95 百分位数浓度下降 0.3 mg/m³，其余市县 CO 第 95 百分位数浓度均在 ±0.2 mg/m³ 范围内波动（图 2-1-27）。

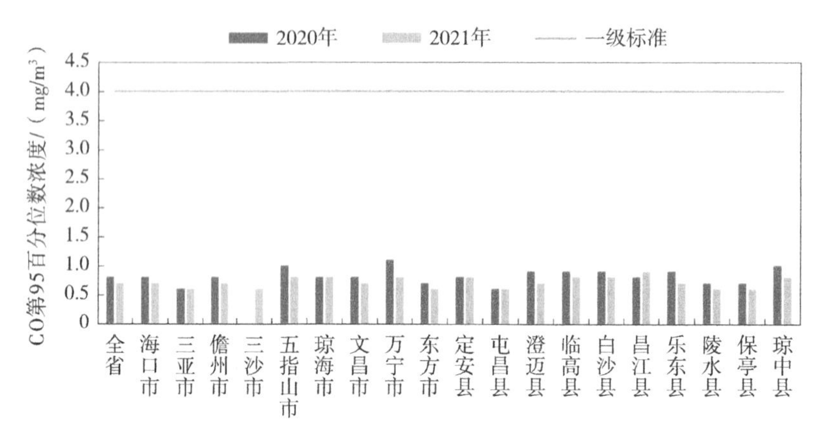

图 2-1-27　2021 年海南省及各市县 CO 第 95 百分位数浓度同比变化情况

三、综合指数年度对比分析

与 2020 年相比，2021 年海南省 18 个市县（不含三沙市）中，澄迈县综合指数排名有所上升，保亭、陵水、琼中、白沙、万宁、文昌、东方、海口 8 个市县综合指数持平，其余市县综合指数均有所下降。

四、降尘年度对比分析

与 2020 年相比，2021 年海南省降尘年均量下降 0.09 t/（km^2·月）。18 个市县（不含三沙市）中，陵水县降尘年均量持平；琼海、儋州、保亭、东方、乐东、万宁 6 个市县降尘年均量略有上升，上升幅度为 0.04～0.51 t/（km^2·月）；其余市县降尘年均量有不同程度的下降，下降幅度为 0.02～1.08 t/（km^2·月）（图 2-1-28）。

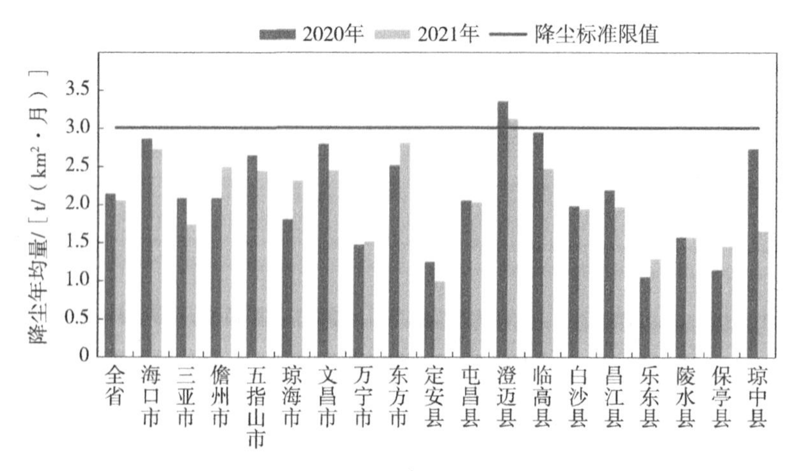

图 2-1-28　2021 年海南省及各市县降尘量同比变化情况

第四节 环境空气质量年际（2016—2021 年）变化趋势分析

一、优良天数比例年际变化趋势分析

2016—2021 年，海南省环境空气优良天数比例为 97.5%～99.8%，在高水平范围内波动变化，其中优级天数比例为 82.0%～86.0%，呈波动上升趋势。秩相关系数法分析结果表明，全省环境空气优良天数比例无显著变化趋势。

与 2016 年相比，2021 年海南省环境空气优良天数比例下降 0.4 个百分点（图 2-1-29）。

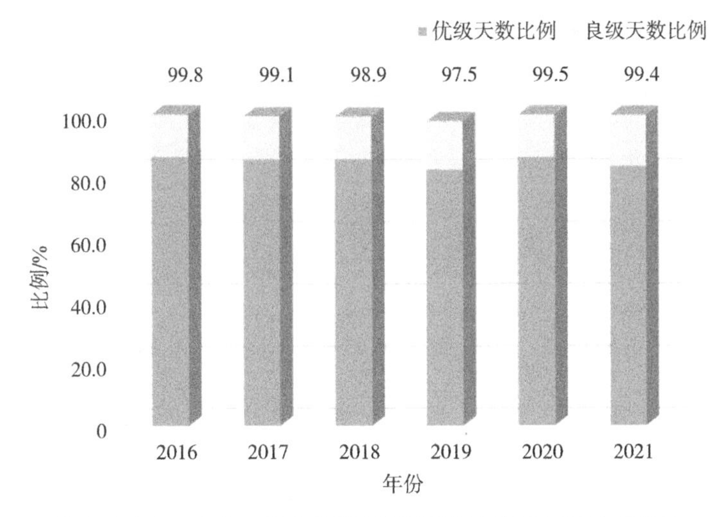

图 2-1-29 2016—2021 年海南省环境空气优良天数比例变化

2016—2021 年，海南省 18 个市县（不含三沙市）环境空气优良天数比例为 93.7%～100%，整体呈上升趋势。五指山市优良天数比例均保持在 100%；三亚、儋州、文昌、屯昌、保亭、琼中 6 个市县优良天数比例均呈波动上升趋势；其余 11 个市县优良天数比例均呈波动下降趋势。秩相关系数法分析结果表明，各市县优良天数比例均无显著变化趋势。

与 2016 年相比，2021 年五指山、乐东、保亭、琼中 4 个市县优良天数比例持平；三亚市和儋州市优良天数比例上升，上升幅度为 0.3～0.6 个百分点，其中儋州市上升幅度较大；其余 12 个市县优良天数比例下降，下降幅度为 0.3～1.7 个百分点，其中临高县优良天数比例下降幅度最大。

二、主要污染物浓度年际变化趋势分析

（一）$PM_{2.5}$

2016—2021 年，海南省环境空气 $PM_{2.5}$ 年均浓度为 13～17 μg/m^3，呈下降趋势，均明显低于二级标准限值，其中 2020 年、2021 年 $PM_{2.5}$ 年均浓度达到一级标准，为近 6 年最低值。秩相关系数法分析结果表明，海南省环境空气 $PM_{2.5}$ 年均浓度下降趋势显著。

与 2016 年相比，2021 年海南省环境空气 $PM_{2.5}$ 年均浓度下降 4 μg/m^3，下降幅度为 23.5%（图 2-1-30）。

图 2-1-30　2016—2021 年海南省 $PM_{2.5}$ 年均浓度变化

2016—2021 年，海南省 18 个市县（不含三沙市）$PM_{2.5}$ 年均浓度为 9～23 μg/m^3，整体呈下降趋势。海南省 18 个市县 $PM_{2.5}$ 年均浓度均明显低于二级标准限值，部分市县达到一级标准。秩相关系数法分析结果表明，屯昌县上升趋势显著，海口、儋州、文昌、定安、临高、乐东、陵水、保亭、琼中 9 个市县下降趋势显著。

与 2016 年相比，2021 年三亚市 $PM_{2.5}$ 年均浓度持平；屯昌县 $PM_{2.5}$ 年均浓度有所上升，上升幅度为 7.1%；其余 16 个市县 $PM_{2.5}$ 年均浓度均有所下降，下降幅度为 11.8%～26.3%，其中海口市 $PM_{2.5}$ 年均浓度下降幅度最大。

（二）PM_{10}

2016—2021 年，海南省环境空气 PM_{10} 年均浓度为 25～29 μg/m^3，呈波动下降趋势，均低于一级标准限值，2021 年 PM_{10} 年均浓度值为近 6 年最低值。秩相关系数法分析结果表明，海南省环境空气 PM_{10} 年均浓度下降趋势显著。

与 2016 年相比，2021 年海南省环境空气 PM_{10} 年均浓度下降 4 μg/m^3，下降幅度为 13.8%（图 2-1-31）。

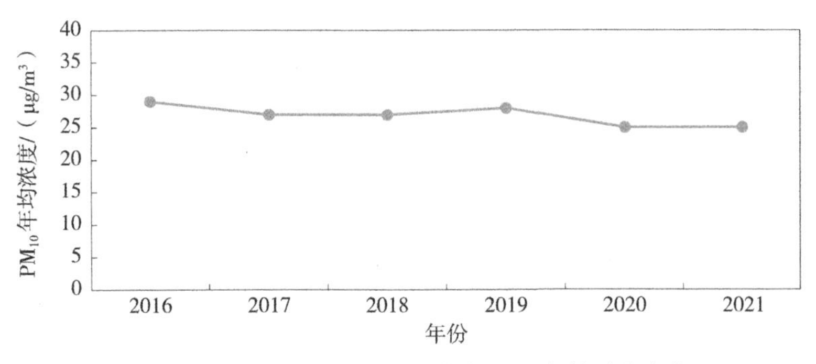

图 2-1-31　2016—2021 年海南省 PM_{10} 年均浓度变化

2016—2021 年，海南省 18 个市县（不含三沙市）PM_{10} 年均浓度为 17～40 μg/m^3，整体呈下降趋势。海南省 18 个市县 PM_{10} 年均浓度均达到一级标准。秩相关系数法分析结果表明，海口、五指山、屯昌、澄迈、保亭、琼中 6 个市县 PM_{10} 年均浓度下降趋势显著。

与 2016 年相比，2021 年临高县 PM_{10} 年均浓度持平；儋州市 PM_{10} 年均浓度有所上升，上升幅度为 3.6%；其余 16 个市县 PM_{10} 年均浓度均有所下降，下降幅度为 3.3%～25.7%，其中琼海市 PM_{10} 年均浓度下降幅度最大。

（三）O_3

2016—2021 年，海南省环境空气 O_3 第 90 百分位数浓度为 96～118 μg/m^3，呈波动上升趋势，均明显低于二级标准限值，其中 2016—2018 年 O_3 第 90 百分位数浓度达到一级标准。秩相关系数法分析结果表明，全省环境空气 O_3 第 90 百分位数浓度无显著变化趋势。

与 2016 年相比，2021 年海南省环境空气 O_3 第 90 百分位数浓度上升 15 μg/m^3，上升幅度为 15.6%（图 2-1-32）。

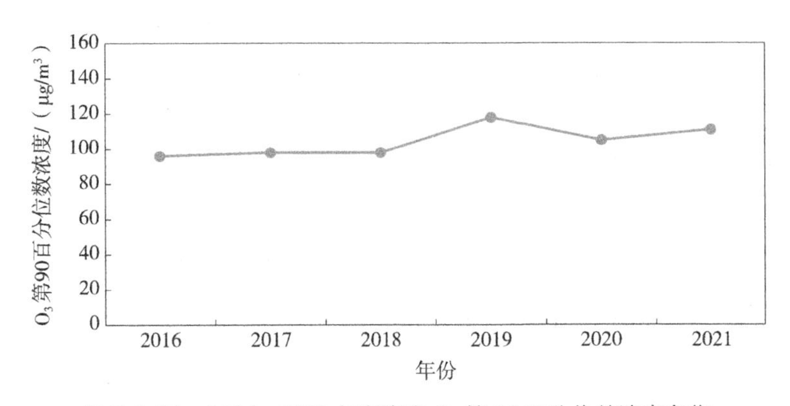

图 2-1-32　2016—2021 年海南省 O_3 第 90 百分位数浓度变化

2016—2021 年，海南省 18 个市县（不含三沙市）O_3 第 90 百分位数浓度为 73～144 μg/m^3，呈波动上升趋势。全省 18 个市县 O_3 第 90 百分位数浓度均明显低于二级标准限值，部分市县 O_3 第 90 百分位数浓度达到一级标准。秩相关系数法分析结果表明，五指山市和白沙县 O_3 第 90 百分位数浓度上升趋势显著。

与 2016 年相比，2021 年儋州市和东方县 O_3 第 90 百分位数浓度有所下降，下降幅度分别为 5.6%、3.1%；其余 16 个市县 O_3 第 90 百分位数浓度均有所上升，上升幅度为 2.7%～43.2%，其中保亭县 O_3 第 90 百分位数浓度上升幅度最大。

（四）NO_2

2016—2021 年，海南省环境空气 NO_2 年均浓度为 7～8 μg/m^3，呈下降趋势，均达到一级标准，2021 年 NO_2 年均浓度值为近 6 年的最低值。秩相关系数法分析结果表明，海南省环境空气 NO_2 年均浓度无显著变化趋势。

与 2016 年相比，2021 年海南省环境空气 NO_2 年均浓度下降 1 μg/m^3，下降幅度为 12.5%（图 2-1-33）。

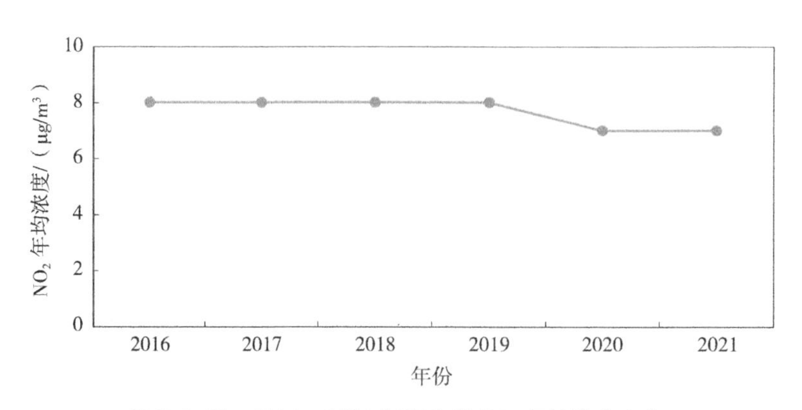

图 2-1-33　2016—2021 年海南省 NO_2 年均浓度变化

2016—2021 年，海南省 18 个市县（不含三沙市）NO_2 年均浓度为 2～18 μg/m^3，整体呈低浓度波动趋势。海南省 18 个市县 NO_2 年均浓度均达到一级标准。秩相关系数法分析结果表明，三亚市和琼中县 NO_2 年均浓度下降趋势显著。

与 2016 年相比，2021 年万宁、澄迈、保亭 3 个市县 NO_2 年均浓度持平；五指山、白沙、乐东、陵水 4 个市县 NO_2 年均浓度有所上升，上升幅度为 14.3%～40.0%，其中白沙县 NO_2 年均浓度上升幅度最大；其余 11 个市县 NO_2 年均浓度均有所下降，下降幅度为 9.1%～33.3%，其中海口市 NO_2 年均浓度下降幅度最大。

（五）SO_2

2016—2021 年，海南省环境空气 SO_2 年均浓度为 4～5 μg/m³，呈低浓度波动变化趋势，均达到一级标准。秩相关系数法分析结果表明，全省环境空气 SO_2 年均浓度无显著变化趋势。

与 2016 年相比，2021 年海南省环境空气 SO_2 年均浓度上升 1 μg/m³，上升幅度为 25.0%（图 2-1-34）。

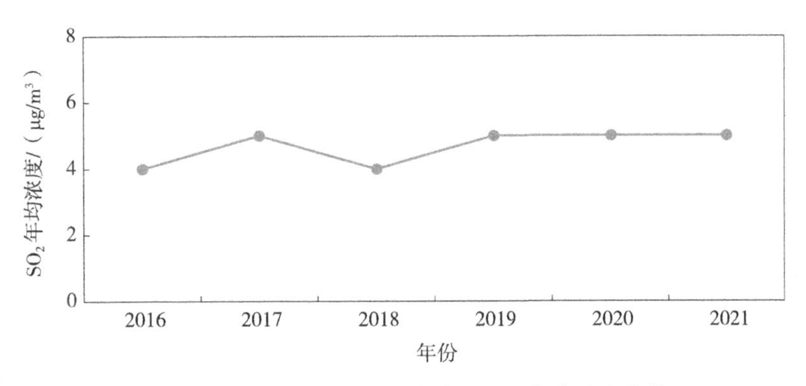

图 2-1-34 2016—2021 年海南省 SO_2 年均浓度变化

2016—2021 年，海南省 18 个市县（不含三沙市）SO_2 年均浓度为 2～10 μg/m³，整体呈低浓度波动趋势。海南省 18 个市县 SO_2 年均浓度均达到一级标准。秩相关系数法分析结果表明，三亚、临高、乐东、琼中 4 个市县 SO_2 年均浓度上升趋势显著，万宁市和澄迈县 SO_2 年均浓度下降趋势显著。

与 2016 年相比，2021 年陵水县 SO_2 年均浓度持平；海口、万宁、东方、澄迈 4 个市县 SO_2 年均浓度有所下降，下降幅度为 16.7%～37.5%，其中澄迈县 SO_2 年均浓度下降幅度最大；其余 13 个市县 SO_2 年均浓度均有所上升，上升幅度为 16.7%～150.0%，其中五指山市 SO_2 年均浓度上升幅度最大。

（六）CO

2016—2021 年，海南省环境空气 CO 第 95 百分位数浓度为 0.7～1.0 mg/m³，呈下降趋势，均达到一级标准，2021 年 CO 第 95 百分位数浓度值为近 6 年最低值。秩相关系数法分析结果表明，全省环境空气 CO 第 95 百分位数浓度下降趋势显著。

与 2016 年相比，2021 年海南省 CO 第 95 百分位数浓度下降 0.3 mg/m³，下降幅度为

30.0%（图 2-1-35）。

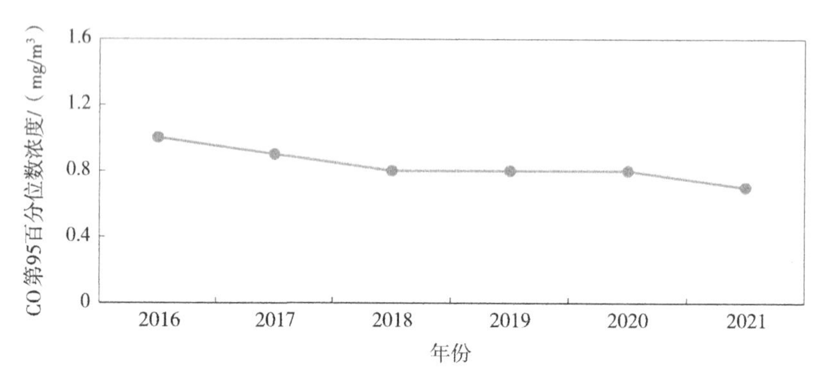

图 2-1-35　2016—2021 年海南省 CO 第 95 百分位数浓度变化

2016—2021 年，海南省 18 个市县（不含三沙市）CO 第 95 百分位数浓度为 0.6～1.4 mg/m^3，整体呈低浓度波动趋势。海南省 18 个市县 CO 第 95 百分位数浓度均达到一级标准。秩相关系数法分析结果表明，三亚、文昌、万宁、白沙、乐东、陵水、保亭 7 个市县 CO 第 95 百分位数浓度下降趋势显著。

与 2016 年相比，2021 年五指山市 CO 第 95 百分位数浓度持平；昌江县 CO 第 95 百分位数浓度有所上升，上升幅度为 12.5%；其余 16 个市县 CO 第 95 百分位数浓度均有所下降，下降幅度为 12.5%～50.0%，其中澄迈县 CO 第 95 百分位数浓度下降幅度最大。

三、空气质量综合指数年际变化趋势分析

2016—2021 年，海南省空气质量综合指数为 1.843～2.078，整体呈波动下降趋势，秩相关系数法分析结果表明无显著变化趋势。2021 年，海南省空气质量综合指数为 1.855，与 2016 年相比下降 0.162（图 2-1-36）。

2016—2021 年，海南省 18 个市县（不含三沙市）空气质量综合指数为 1.471～2.476，整体呈波动下降趋势。秩相关系数法分析结果表明，琼海市和琼中县空气质量综合指数下降趋势显著。

与 2016 年相比，2021 年五指山市和保亭县空气质量综合指数有所上升，分别上升 0.087 和 0.039；其余 16 个市县空气质量综合指数均有所下降，下降幅度为 0.020～0.272，其中东方市空气质量综合指数下降幅度最大。

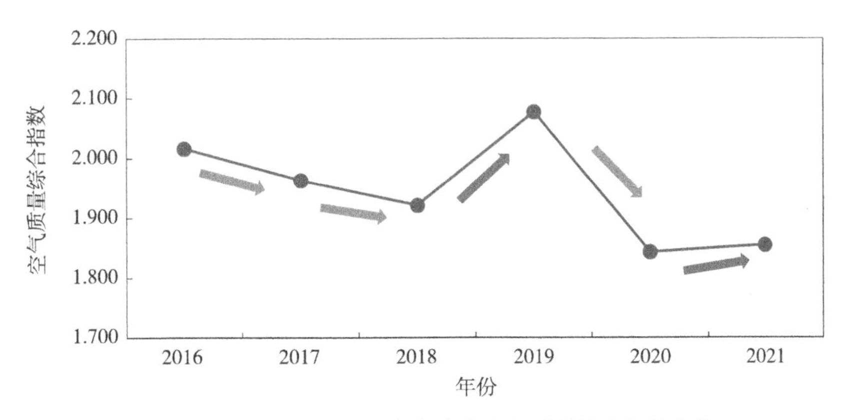

图 2-1-36　2016—2021 年海南省空气质量综合指数变化

四、污染特征年际变化趋势分析

（一）超标污染物

2016—2021 年，海南省环境空气每年出现 15～159 天超标天，超标污染物为 O_3 和 $PM_{2.5}$，其中超标污染物为 O_3 的天数比例为 66.7%～100%，呈波动上升趋势；超标污染物为 $PM_{2.5}$ 的天数比例为 0～33.3%，呈波动下降趋势。

与 2016 年相比，2021 年海南省环境空气超标天数增加 28 天；超标污染物为 O_3 的天数比例上升至 97.7%，超标污染物为 $PM_{2.5}$ 的天数比例下降至 2.3%（图 2-1-37）。

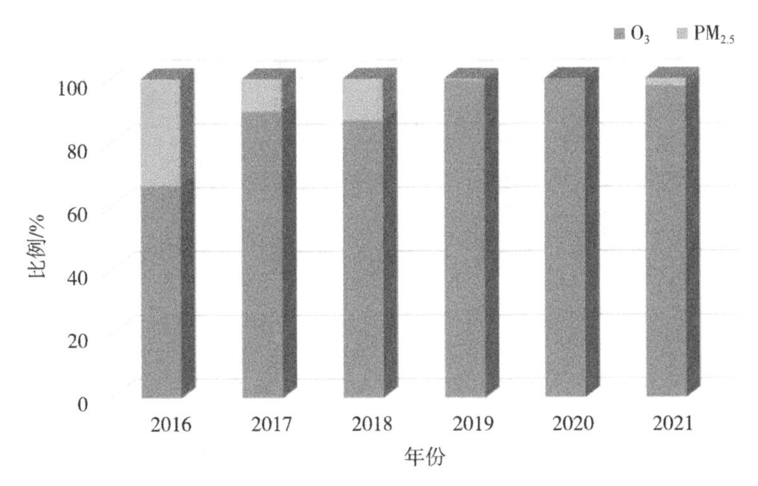

图 2-1-37　2016—2021 年海南省环境空气超标污染物天数比例变化

2016—2021 年，海南省 19 个市县每年出现 0～23 天超标天，超标污染物为 O_3 和

$PM_{2.5}$，其中五指山市和三沙市未出现超标天；三亚、定安、屯昌、澄迈、白沙、琼中6个市县超标污染物均为 O_3，超标天数为1～23天；其余13个市县均出现 O_3 和 $PM_{2.5}$ 超标情况，O_3 超标天数为1～18天，$PM_{2.5}$ 超标天数为1～3天。

与2016年相比，2021年海口、琼海、文昌、万宁、东方、定安、屯昌、澄迈、临高、白沙、昌江、陵水12个市县超标污染物为 O_3 的天数有所上升，其余6个市县超标污染物为 O_3 的天数均持平或有所下降；全省各市县超标污染物为 $PM_{2.5}$ 的天数均持平或有所下降。

（二）首要污染物

2016—2021年，海南省环境空气出现847～1 125天良级天，首要污染物为 O_3、$PM_{2.5}$ 或 PM_{10}，其中首要污染物为 O_3 的天数比例为53.5%～92.0%，呈波动上升趋势；首要污染物为 $PM_{2.5}$ 的天数比例为3.8%～29.4%，呈波动下降趋势；首要污染物为 PM_{10} 的天数比例为4.3%～19.4%，呈波动下降趋势；部分时段出现两种及两种以上的首要污染物。

与2016年相比，2021年海南省环境空气良级天数增加了263天；首要污染物为 O_3 的天数比例上升35.2个百分点，首要污染物为 $PM_{2.5}$ 的天数比例下降24.0个百分点，首要污染物为 PM_{10} 的天数比例下降13.5个百分点（图2-1-38）。

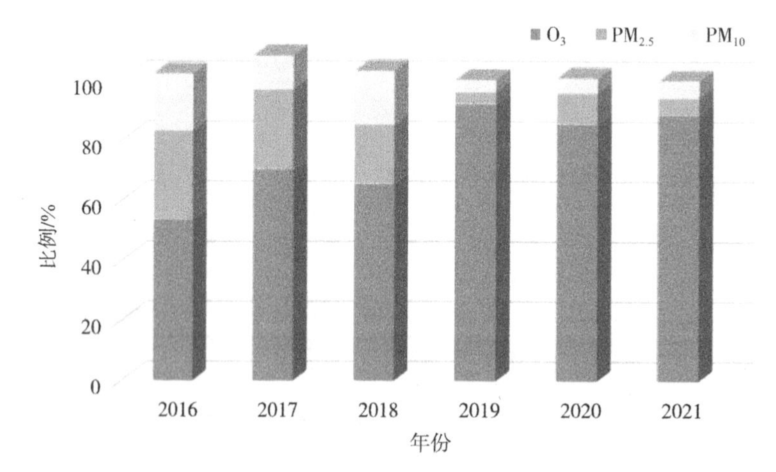

图2-1-38　2016—2021年海南省环境空气首要污染物比例变化

2016—2021年，海南省19个市县每年出现8～133天良级天，首要污染物为 O_3、$PM_{2.5}$ 或 PM_{10}，其中首要污染物为 O_3 的天数为2～117天，首要污染物为 $PM_{2.5}$ 的天数为1～59天，首要污染物为 PM_{10} 的天数为1～56天。

与2016年相比（不含三沙市），2021年海口、三亚、五指山、琼海、文昌、万宁、定安、屯昌、澄迈、临高、白沙、昌江、乐东、陵水、保亭、琼中16个市县首要污染物为O_3的天数均有所上升，其余2个市县均有所下降；琼海市首要污染物为$PM_{2.5}$的天数有所上升，其余17个市县均持平或有所下降；儋州、文昌、定安、临高、昌江、乐东6个市县首要污染物为PM_{10}的天数均有所上升，其余12个市县均有所下降。

第五节 变化原因分析

一、独特的地理位置优势为良好的环境空气质量打下基础

海南省陆域主体为海南岛，地处信风带和季风区，四面环海，属热带季风气候，雨量充沛，年降水量为1 000～2 600 mm，有明显的多雨季和少雨季；常风较大，尤其在西南部和东北部海域，年平均风速超过8 m/s，加之空气对流、乱流运动较强等特点，有利于污染物质的稀释扩散。得天独厚的热带岛屿季风气候，加之相对较小的排污总量，使全省环境空气质量长期优良。

二、O_3已成为影响环境空气质量优良天数比例的重要因素，季节变化较为明显

2021年，海南省环境空气的主要超标污染物为O_3，超标占比达97.7%。秋冬季节，海南省气温相对较高、降水减少、日照强、逆温现象增多，扩散条件总体不利，因此O_3容易生成。主导风向由夏季的偏南风转为东北风，易受下沉气流及弱冷空气带来的区域污染传输的共同影响。

三、多项举措齐头并进，严控污染物排放

2021年，海南省持续开展大气污染防治“六个严禁两个推进”工作，组织开展秋冬季大气污染防治强化督查和春节期间烟花爆竹管控专项督查等相关措施；同时，创新开展大气污染防治全链条响应制度，建立完善大气污染防治“监测与问题发现—预警预报—评价研判—工作响应”全链条响应工作制度，有效提升各市县大气污染防治的工作效率和精细化治理水平。在一系列相关措施的落实下，2021年在气象条件相对不利的条件下，海南省颗粒物仍保持在较低浓度水平，与2020年持平。

第六节　小结

一、海南省环境空气质量总体优良

2021 年，海南省环境空气优良天数比例为 99.4%。SO_2、NO_2、PM_{10}、$PM_{2.5}$ 年均浓度及 CO 第 95 百分位数浓度均达到一级标准；O_3 第 90 百分位数浓度达到二级标准，接近一级标准。海南省 19 个市县环境空气质量均明显优于二级标准，其中 3 个市县空气质量达到一级标准。

二、海南省环境空气质量优中有升

2016—2021 年，海南省环境空气优良天数比例保持在 98% 左右；$PM_{2.5}$ 年均浓度呈下降趋势，均达到二级标准，2020 年和 2021 年达到一级标准；O_3 第 90 百分位数浓度呈波动上升趋势，均达到二级标准，2016—2018 年达到一级标准；PM_{10} 年均浓度呈现波动下降趋势，均达到一级标准；SO_2、NO_2 年均浓度及 CO 第 95 百分位数浓度均在较低浓度水平波动，均达到一级标准。

与 2020 年相比，2021 年海南省环境空气优良天数比例下降 0.1 个百分点，O_3 第 90 百分位数浓度上升 6 μg/m^3，CO 第 95 百分位数浓度下降 0.1 mg/m^3，$PM_{2.5}$、PM_{10}、SO_2 和 NO_2 年均浓度持平；与 2016 年相比，2021 年海南省环境空气优良天数比例下降 0.4 个百分点，$PM_{2.5}$、PM_{10} 年均浓度下降，O_3 第 90 百分位数浓度上升，SO_2、NO_2、CO 第 95 百分位数浓度无明显变化。

三、O_3 为影响海南省环境空气质量的主要污染物

2016—2021 年，海南省超标天中首要污染物为 O_3 的天数比例呈波动上升趋势。与 2016 年相比，2021 年超标污染物为 O_3 的天数比例上升了 31.0 个百分点，主要集中在秋、冬季节（10—12 月）。

四、海南省环境空气主要污染物具有显著的时间变化特征

从日变化看，O_3 日内 1 h 平均浓度变化为 39～72 μg/m^3，呈显著的单峰形变化特征，O_3 日内 1 h 平均浓度在早上最低，在下午最高；NO_2 日内 1 h 平均浓度变化也呈单峰形

变化特征，NO_2 日内 1 h 平均浓度在早上最高，在下午最低，与 O_3 的峰值 / 谷值区相反；$PM_{2.5}$ 和 PM_{10} 的日内 1 h 平均浓度变化分别为 12～15 μg/m^3 和 24～28 μg/m^3，均呈现双峰形分布，变化趋势基本一致；SO_2 和 CO 日内 1 h 平均浓度变化均在低浓度范围内波动。从月变化看，5 月、7—10 月的 $PM_{2.5}$、PM_{10} 月均浓度明显低于其余月份，5 月、7—9 月的 O_3 月均浓度明显低于其余月份，SO_2、NO_2 和 CO 月均浓度均在低浓度范围内波动。

五、海南省环境空气质量存在一定的区域性差异

海南岛西部、北部区域主要污染物 $PM_{2.5}$、O_3、PM_{10} 浓度相对较高，东部区域次之，南部、中部区域总体保持较低水平；SO_2、NO_2 和 CO 浓度均处于较低水平，无明显空间差异。

专栏 1

环境空气质量预警预报准确率高

根据国家及海南省生态环境厅的要求，海南省生态环境监测中心负责每日 15：00 前向中国环境监测总站发送全省未来 7 天空气质量预报信息并通过海南省生态环境厅官网及手机 App 对外发布；每日 11：00 前向华南区域预报中心发送全省未来 7 天空气质量预报信息报告与污染级别表。技术人员严格按照空气质量预报工作流程，首先通过空气质量预报系统的预报结果、天气形势、全国及全省实时空气质量数据等资料得出未来 7 天空气质量信息，最后结合经验进行人工订正得出最终预报结果。

2021 年评估结果显示，区域未来 24 h、48 h、72 h 级别预报年度准确率均在 90% 以上；区域未来 24 h、48 h、72 h 级别预报每月准确率均在 75% 以上，其中 8 月未来 24 h、48 h、72 h 准确率均达到 100%；全省区域未来 24 h 级别预报每月准确率为 79.1%～100%，48 h 级别预报每月准确率为 78.3%～100%，72 h 级别预报每月准确率为 76.6%～100%。

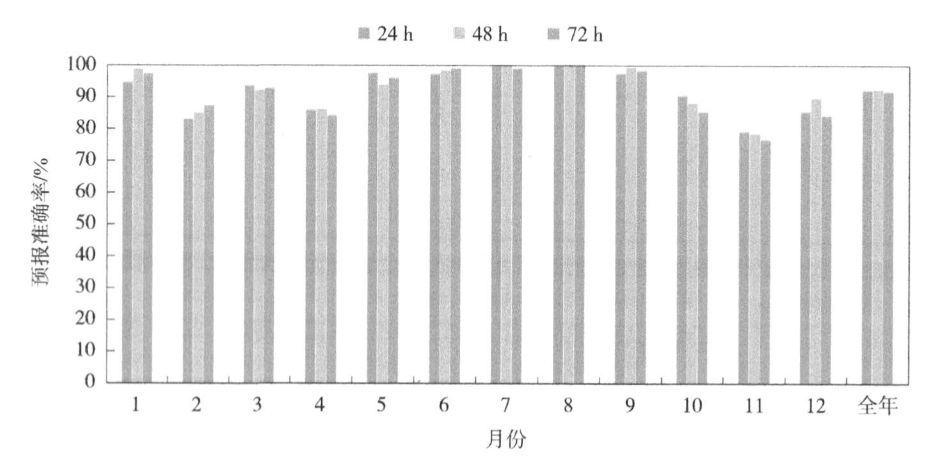

2021 年海南省环境空气区域级别预报准确率

重点区域空气质量优良

2021 年，澄迈老城经济开发区、东方工业园区、洋浦经济开发区 3 个重点工业园区空气质量总体优良，优良天数比例为 98.9%～99.5%，其中优级天数比例为 77.5%～81.7%，良级天数比例为 17.5%～21.4%；轻度污染天数比例为 0.5%～1.1%。主要污染物 PM_{10} 年均浓度为 27～32 μg/m^3，SO_2 年均浓度为 6～9 μg/m^3，NO_2 年均浓度为 10～14 μg/m^3，CO 第 95 百分位数浓度为 0.6～0.8 mg/m^3，均达到一级标准；$PM_{2.5}$ 年均浓度为 14～16 μg/m^3，澄迈老城经济开发区达到二级标准，其余重点工业园区达到一级标准；O_3 第 90 百分位数浓度为 110～117 μg/m^3，均达到二级标准。

海口假日海滩、三亚海棠湾、三亚鹿回头、三亚西岛、保亭七仙岭、保亭呀诺达、陵水土福湾、陵水香水湾、陵水清水湾、万宁兴隆热带植物园 10 个旅游景区空气质量总体优良，优良天数比例为 97.7%～100%，其中优级天数比例为 73.4%～91.6%，良级天数比例为 8.4%～24.3%；海口假日海滩、保亭七仙岭、陵水香水湾 3 个旅游景区存在轻度污染天，轻度污染天数比例为 0.3%～2.3%，超标污染物均为 O_3。主要污染物 $PM_{2.5}$ 年均浓度为 8～13 μg/m^3，PM_{10} 年均浓度为 16～36 μg/m^3，SO_2 年均浓度为 3～8 μg/m^3，NO_2 年均浓度为 2～11 μg/m^3，CO 第 95 百分位数浓度为 0.5～1.0 mg/m^3，均达到一级标准；O_3 第 90 百分位数浓度为 95～114 μg/m^3，保亭呀诺达、万宁兴隆热带植物园 2 个旅游景区 O_3 第 90 百分位数浓度达到一级标准，其余旅游景区 O_3 第 90 百分位数浓度达到二级标准。

专栏3

森林旅游区空气负离子浓度优于WHO清新空气标准

2021年，海南省8个主要森林旅游区空气负离子浓度均优于世界卫生组织（WHO）规定的清新空气1 000～1 500个/cm^{3}的标准，对人体健康有利。霸王岭国家森林公园、尖峰岭国家森林公园、五指山国家级自然保护区、七仙岭温泉国家森林公园、铜鼓岭国家级自然保护区、亚龙湾热带天堂公园、吊罗山国家森林公园、呀诺达雨林文化旅游区8个主要森林旅游区空气负离子平均浓度分别为5 721个/cm^3、6 149个/cm^3、4 673个/cm^3、4 125个/cm^3、2 467个/cm^3、4 383个/cm^3、2 791个/cm^3、4 534个/cm^3。

第二章　降水

2021 年，海南省降水 pH 年均值为 5.93，酸雨发生频率为 6.4%，酸雨 pH 年均值为 5.08。与 2020 年相比，2021 年海南省降水 pH 年均值上升 0.15，酸雨发生频率下降 0.3 个百分点，酸雨 pH 年均值上升 0.16。

第一节　降水质量现状

一、降水

（一）降水 pH 年均值

2021 年，海南省降水 pH 年均值为 5.93，各市县降水 pH 年均值为 5.48～6.97，海口市和琼中县降水 pH 年均值低于 5.60，其余 16 个市县降水 pH 年均值为 5.60≤pH＜7.00。

（二）pH 分布

2021 年，海南省共采集降水样品 1 880 个，各测点单次降水 pH 为 4.01（海口东寨红树林）～8.75（保亭县政府办公楼）。单次降水 pH 为 5.60～7.00 的样品数量最多，占样品总数的 81.2%；pH≥7.00 的样品数量占比为 12.4%；pH 为 5.00～5.60 的样品数量占比为 3.9%；pH 为 4.50～5.00 的样品数量占比为 2.1%；pH＜4.50 的样品数量占比为 0.4%。

（三）降水化学组分分析

2021 年，海口、三亚、五指山、琼海、东方 5 个市开展全部离子组分监测。

1. 降水当量浓度

5 个市降水离子当量浓度年均值总和为 165.1 μeq/L，各离子组分当量浓度由高到低依次分别为氯离子（44.4 μeq/L）＞钠离子（43.2 μeq/L）＞钙离子（17.3 μeq/L）＞铵离子

（16.2 μeq/L）＞硫酸根（14.6 μeq/L）＞硝酸根（13.2 μeq/L）＞镁离子（13.0 μeq/L）＞钾离子（2.3 μeq/L）＞氟离子（0.9 μeq/L）；其中，钠离子、氯离子、硝酸根和硫酸根当量浓度占离子当量浓度的 69.9%，为降水化学成分的主要离子。硫酸根 / 硝酸根当量浓度比值为 1.1，（硫酸根 + 硝酸根）/ 阴离子当量浓度比值为 0.38，氯离子 / 阴离子当量浓度比值为 0.61，降水主要表现为硫硝混合型，同时呈现海洋性酸性降水特征。

2. 降水化学组分占比

5 个市降水中的主要阳离子为钠离子、钙离子、铵离子、镁离子，分别占离子总当量的 25.9%、10.4%、9.7%、7.8%；主要阴离子为氯离子、硫酸根、硝酸根，分别占离子总当量的 26.6%、8.7%、7.9%。

二、酸雨

2021 年，海南省酸雨发生频率为 6.4%，酸雨 pH 年均值为 5.08。酸雨高发时段主要集中在 11 月。

18 个市县（不含三沙市）中，海口、东方、琼中、屯昌、定安、陵水、澄迈、乐东 8 个市县监测到酸雨，且酸雨 pH 年均值为 4.74～5.58。其中，海口市酸雨发生频率为 22.9%，东方、琼中、屯昌 3 个市县酸雨发生频率分别为 18.7%、18.3%、15.6%，定安、陵水、澄迈、乐东 4 个县酸雨发生频率为 1.1%～4.8%；其余市县未监测到酸雨。

第二节　降水质量时空变化规律分析

一、降水时间变化规律分析

（一）各月降水 pH 与酸雨发生频率

2021 年，海南省各月降水 pH 与酸雨发生频率呈负相关，且有明显时间变化规律。4—9 月降水 pH 均大于 6.00，为全年 pH 高值区，酸雨发生频率为 0～5.7%；3 月、11 月、12 月降水 pH 均小于 5.60，为全年低值区且降水酸雨发生频率明显高于其余月份；1 月、2 月、10 月降水 pH 为 5.60～6.00，为全年次低值区，酸雨发生频率为 3.8%～10.0%（图 2-2-1）。

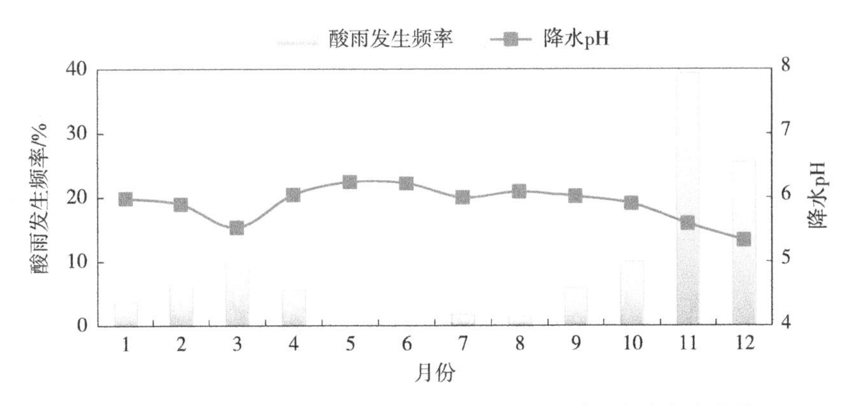

图 2-2-1 2021 年 1—12 月海南省降水 pH 和酸雨发生频率变化

（二）各月降水化学组分

2021 年，海口、三亚、五指山、琼海、东方 5 个市 1—12 月均采集到降水样品。全省各月离子当量浓度为 87.9～1 126.5 μeq/L，最小值出现在 9 月，最大值出现在 1 月。5—9 月为全年低值区，1—3 月为全年高值区，4 月、10—12 月为全年次高值区。

降水 pH、酸雨发生频率与降水化学组分各月变化同海南省环境空气污染物浓度变化规律基本一致（图 2-2-2）。

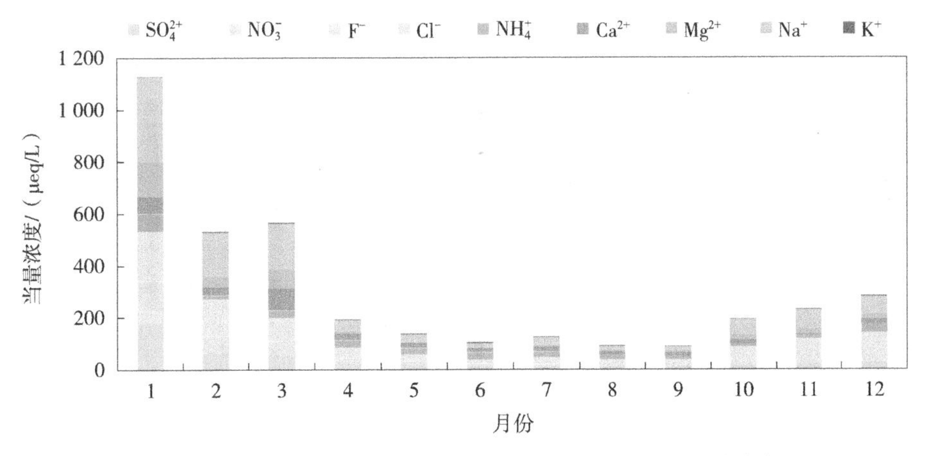

图 2-2-2 2021 年 1—12 月海南省降水化学组分当量浓度变化

二、降水空间变化规律分析

2021 年，18 个市县（不含三沙市）中，海口市、琼中县的大气降水 pH 年均值低于 5.60，为酸雨城市；其余市县大气降水 pH 年均值均≥5.60，其中屯昌县、东方市 pH 年均值分别为 5.66、5.60，略低于其余市县。

全省降水样品中出现酸雨的市县主要集中在海口、东方、琼中、屯昌、定安、陵水、澄迈、乐东 8 个市县，酸雨频率分别为 22.9%、18.7%、18.3%、15.6%、4.8%、1.4%、1.2%、1.1%。

第三节　降水质量年度对比分析

一、降水年度对比分析

（一）降水 pH 年均值

与 2020 年相比，2021 年海南省降水 pH 年均值上升 0.15，东方、琼中、儋州、保亭、乐东、屯昌、文昌 7 个市县降水 pH 年均值均有下降，下降幅度为 0.09～0.70；其余市县均有所上升，上升幅度为 0.06～0.49。其中，海口市连续两年为酸雨城市，琼中县由非酸雨城市降为酸雨城市（图 2-2-3）。

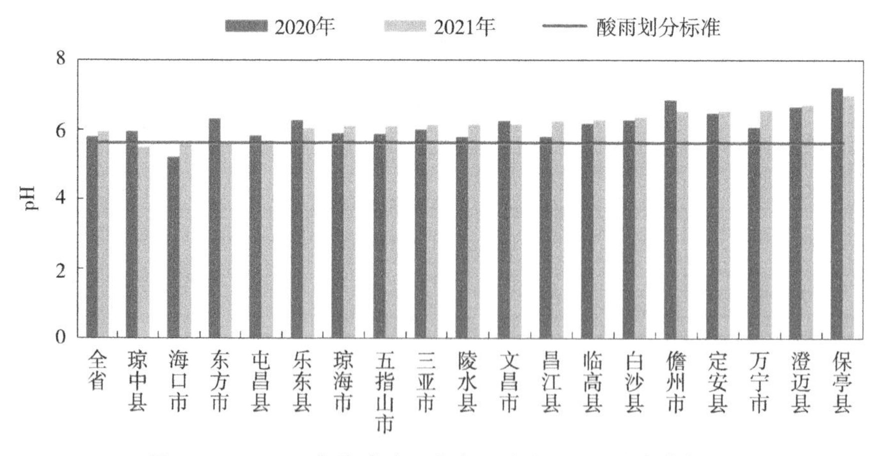

图 2-2-3　2021 年海南省及各市县降水 pH 同比变化情况

（二）pH 分布

与 2020 年相比，2021 年海南省 pH 为 5.60～7.00 的样品比例上升 0.2 个百分点；pH≥7.00 的样品比例上升 0.1 个百分点；pH 为 5.00～5.60 的样品比例下降 0.2 个百分点；pH 为 4.50～5.00 的样品比例上升 0.4 个百分点；pH＜4.50 的样品比例下降 0.5 个百分点（图 2-2-4）。

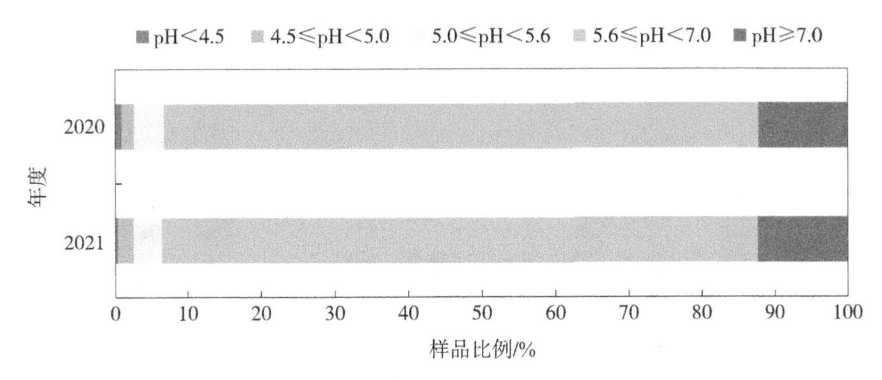

图 2-2-4 2021 年海南省降水样品 pH 分布同比变化情况

（三）降水化学组分分析

1. 降水当量浓度

与 2020 年相比，2021 年海口、三亚、五指山、琼海、东方 5 个市降水离子当量浓度年均值总和下降 75.3 μeq/L；氯离子、钙离子、钠离子、镁离子、硝酸根、硫酸根当量浓度均有所下降，下降幅度为 4.0～20.1 μeq/L；其余离子当量浓度无明显变化（图 2-2-5）。

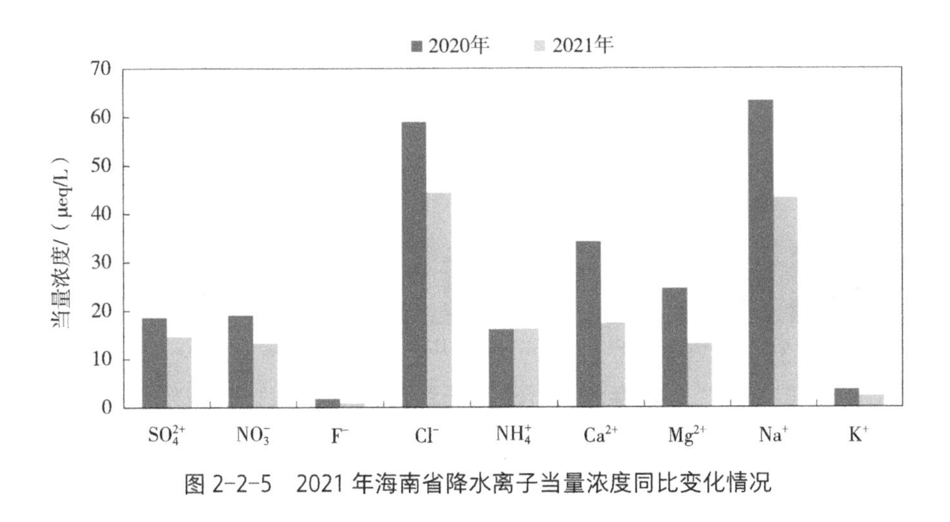

图 2-2-5 2021 年海南省降水离子当量浓度同比变化情况

与 2020 年相比，2021 年三亚市、东方市降水离子当量浓度年均值分别上升 18.0 μeq/L、35.5 μeq/L，五指山市、琼海市和海口市降水离子当量浓度分别下降 13.4 μeq/L、35.6 μeq/L 和 281.0 μeq/L（图 2-2-6）。

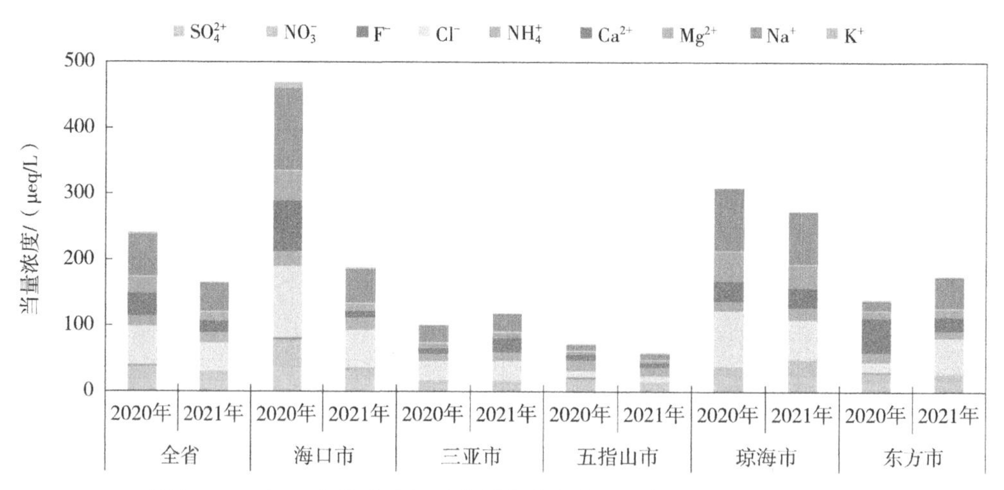

图 2-2-6　2021 年海南省及重点城市降水当量浓度分布同比变化情况

2. 降水化学组分占比

与 2020 年相比，2021 年海口、三亚、五指山、琼海、东方 5 个市降水铵离子、氯离子、硫酸根比例分别上升 3.1 个百分点、2.3 个百分点、1.0 个百分点，钙离子、镁离子比例分别下降 3.7 个百分点、2.3 个百分点；其余离子比例无明显变化（图 2-2-7）。

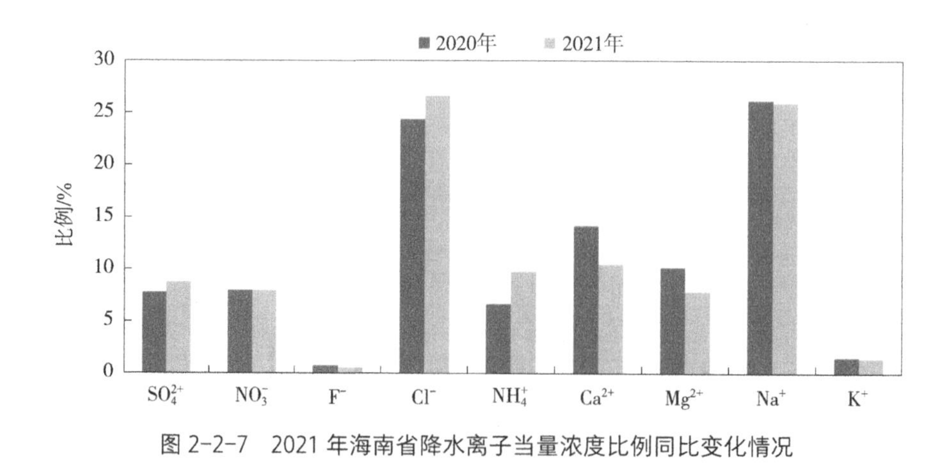

图 2-2-7　2021 年海南省降水离子当量浓度比例同比变化情况

二、酸雨年度对比分析

与 2020 年相比，2021 年酸雨发生频率下降 0.3 个百分点，酸雨 pH 年均值上升 0.16。东方、琼中、屯昌、定安、澄迈、乐东 6 个市县酸雨发生频率均有上升，上升幅度为 1.1～18.7 个百分点；陵水、海口、昌江、五指山 4 个市县酸雨发生频率均下降，下降幅度为 3.4～19.8 个百分点。

第四节　降水质量年际（2016—2021 年）变化趋势分析

一、降水年际变化趋势分析

（一）降水 pH 年均值

2016—2021 年，海南省降水 pH 年均值为 5.78～5.93，整体保持稳定，均为非酸雨。秩相关系数法分析结果表明，全省降水 pH 年均值无显著变化趋势（图 2-2-8）。

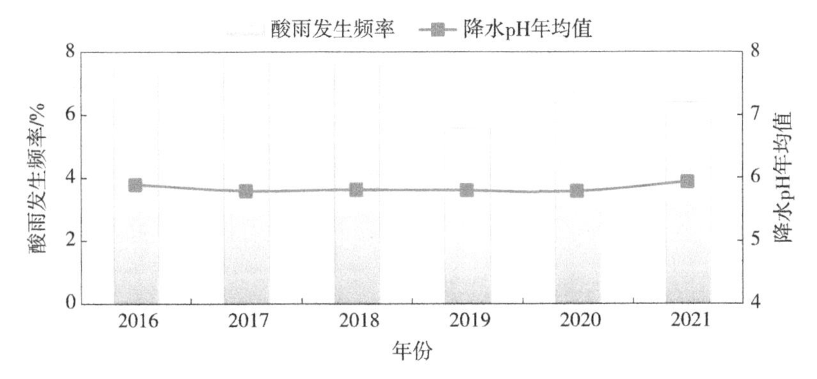

图 2-2-8　2016—2021 年海南省降水 pH 年均值及酸雨频率变化

18 个市县（不含三沙市）降水 pH 年均值呈不同程度的波动变化，降水 pH 年均值小于 5.60 的酸雨城市包括海口市、三亚市、东方市、琼中县，其中海口市连续 6 年为酸雨城市，三亚市 2016 年为酸雨城市，东方市 2018 年为酸雨城市，琼中县 2021 年为酸雨城市。秩相关系数法分析结果表明，琼海、文昌、乐东、琼中 4 个市县 pH 年均值下降趋势显著，三亚市 pH 年均值上升趋势显著，其余市县 pH 年均值无显著变化（图 2-2-9）。

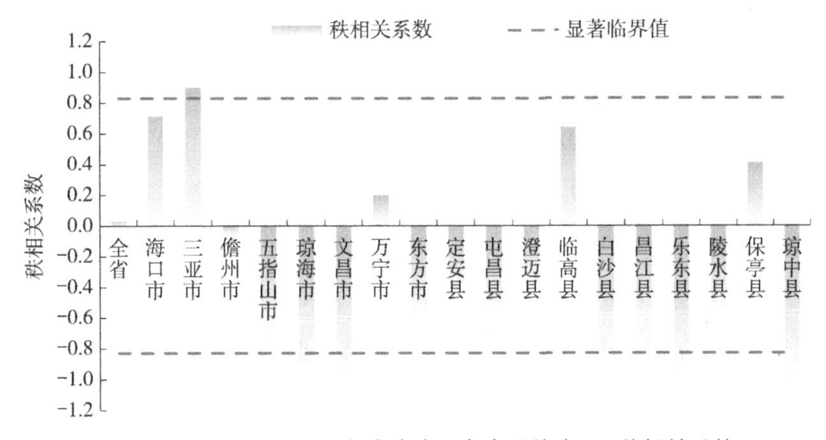

图 2-2-9　2016—2021 年海南省及各市县降水 pH 秩相关系数

（二）pH 分布

2016—2021 年，海南省降水不同 pH 样品比例在 2018 年前后变化较大，2018 年之后酸性 pH 样品比例大幅下降。降水中 pH≥7.00 的样品比例为 6.2%～15.2%，pH 为 5.60～7.00 的样品比例为 37.2%～88.2%，酸雨（pH＜5.60）样品比例为 5.6%～47.6%。酸雨中，弱酸性（pH 为 5.00～5.60）样品比例为 2.5%～39.9%，酸性（pH 为 4.50～5.00）样品比例为 1.5%～6.4%，重酸性（pH＜4.50）样品比例为 0.9%～3.3%（图 2-2-10）。

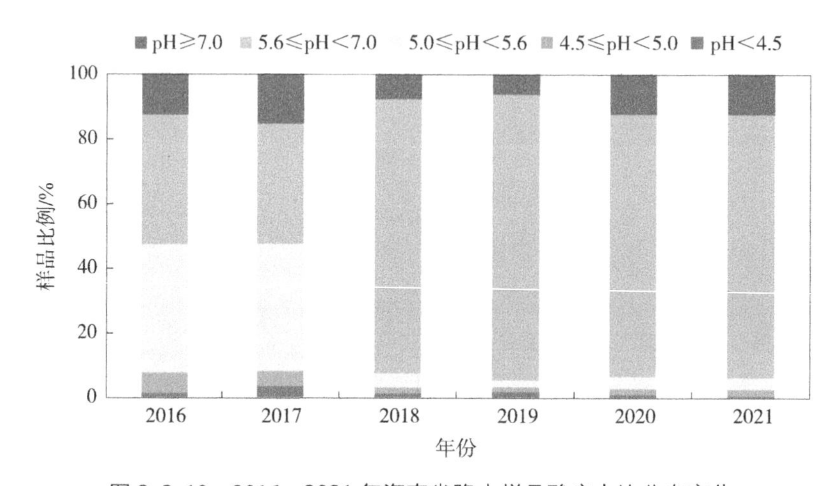

图 2-2-10　2016—2021 年海南省降水样品酸度占比分布变化

二、酸雨年际变化趋势分析

2016—2021 年，海南省酸雨频率为 5.6%～7.8%，呈波动下降趋势，但监测到酸雨的市县个数略有上升，18 个市县的酸雨频率为 0.8%～50.9%。

根据各市县出现酸雨的年份统计，2016—2021 年均监测到酸雨的市县有 1 个，为海口市，琼海、文昌、澄迈、白沙、保亭 5 个市县 2016—2021 年均未监测到酸雨，其余市县均有 1～4 个年份监测到酸雨。其中，海口市酸雨频率在 2016 年最高，为 50.9%，2017—2021 年酸雨频率为 22.9%～39.4%；三亚市 2016—2019 年酸雨频率为 0.8%～12.4%，2020 年、2021 年未监测到酸雨；定安县 2018—2021 年均监测到酸性降水，酸雨频率为 1.0%～5.6%；昌江县 2018—2020 年均监测到酸性降水，酸雨频率为 1.1%～6.1%；五指山市、万宁市、东方市、屯昌县、陵水县 5 个市县监测到酸性降水的年份主要集中在 2018—2021 年，酸雨频率为 1.1%～30.9%；儋州市、临高县监测到酸性降水的年份均为

2018 年，酸雨频率分别为 1.8%、1.7%；乐东县、澄迈县、琼中县 3 个县监测到酸性降水的年份均为 2021 年，酸雨频率分别为 1.1%、1.2%、18.3%。

第五节 变化原因分析

一、本地源和致酸物质远距离传输共同影响形成酸雨

海南省酸性降水表现为硝硫混合型酸性降水，同时受海洋性氯离子源的影响，呈现海洋性酸性降水特征。酸性降水中致酸离子硫酸根、硝酸根前体物二氧化硫、氮氧化物主要来自人为活动。全省环境空气质量长期保持优良状态，本地工业分布较少，二氧化硫、氮氧化物除受局地源排放影响外，还受到致酸物质及其变化产物远距离迁移影响。

二、气象因素是影响海南省酸雨形成的另一原因

海南岛春季大气层结构相对稳定，极易在低空形成逆温层；而在冬季受大陆高压冷气团南下影响，昼夜温差大也易形成逆温层。逆温层的存在不利于致酸物扩散，使污染物出现堆集，造成降水酸度增加，这是导致春、冬两季酸雨频发的主要原因。

第六节 小结

一、海南省酸雨频率略有下降

2021 年，海南省降水 pH 年均值为 5.93，同比上升 0.15；酸雨发生频率为 6.4%，同比下降 0.3 个百分点；酸雨 pH 年均值为 5.08，同比上升 0.16。2016—2021 年，全省降水 pH 年均值无显著变化趋势，酸雨频率呈波动下降趋势，监测到酸雨的市县个数略有上升。

二、海南省降水主要为硫硝混合型，同时呈海洋性酸性降水特征

海南省降水离子组分中钠离子、氯离子、硝酸根和硫酸根当量浓度占离子当量浓度的 69.9%，为降水化学成分的主要离子，可见全省降水主要表现为硫硝混合型，同时呈现海洋性酸性降水特征。

三、春、冬季节降水酸度明显大于夏、秋季节

海南省各月降水 pH 与酸雨发生频率呈负相关，且有明显时间变化规律；各月离子当量浓度值 5—9 月为全年低值区，1—3 月为全年高值区，4 月、10—12 月为次高值区。全省酸性降水季节性变化明显，春、冬季节降水酸度明显大于夏、秋季节，酸性降水集中出现在春、冬季节。降水 pH、酸雨发生频率与降水化学组分各月变化同全省环境空气污染物浓度变化规律基本一致。

第三章　地表水

2021 年，海南省地表水水质总体为优，水质优良比例为 92.2%，劣Ⅴ类水质比例为 1.6%。超Ⅲ类断面（点位）主要污染指标为总磷、化学需氧量、高锰酸盐指数，水质整体呈现出平水期优于枯水期优于丰水期的变化规律。与 2020 年相比，2021 年全省地表水环境质量总体保持稳定，主要河流、湖库水质状况均无明显变化。

第一节　地表水环境质量现状

一、总体情况

2021 年，海南省地表水水质总体为优。监测的 193 个断面（点位）中，水质优良（Ⅰ～Ⅲ类）断面（点位）占比为 92.2%，Ⅳ类水质断面（点位）占比为 3.6%，Ⅴ类水质断面（点位）占比为 2.6%，劣Ⅴ类水质断面（点位）占比为 1.6%。超Ⅲ类断面（点位）主要污染指标为总磷、化学需氧量、高锰酸盐指数（图 2-3-1）。

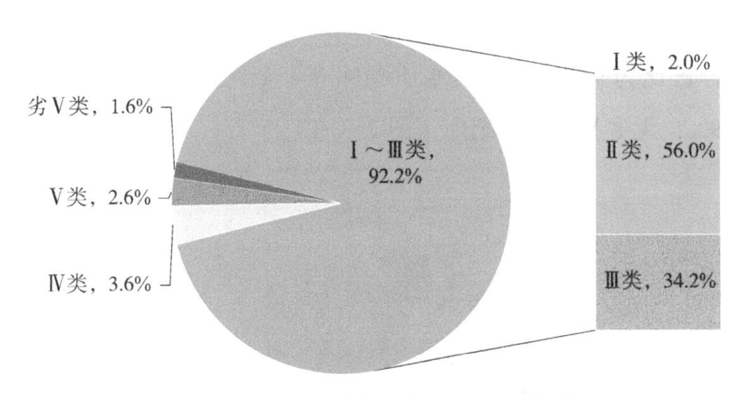

图 2-3-1　2021 年海南省地表水水质类别比例

二、河流水质状况

2021 年，海南省主要河流水质总体为优。开展监测的 76 条河流 141 个断面中，水质优良断面（Ⅰ～Ⅲ类）为 129 个，占比为 91.5%；Ⅳ类水质断面为 6 个，占比为 4.3%；

Ⅴ类水质断面为 3 个，占比为 2.1%；劣Ⅴ类水质断面为 3 个，占比为 2.1%。南渡江流域、昌化江流域和南部诸河、南海各岛诸河水质为优，万泉河流域和西北部诸河水质良好，东北部诸河水质轻度污染（图 2-3-2）。

超Ⅲ类水质断面主要污染指标为总磷、化学需氧量、氨氮，超Ⅲ类水质断面比例分别为 5.0%、4.3%、2.8%，平均浓度分别为 0.087 mg/L、12.7 mg/L、0.18 mg/L。

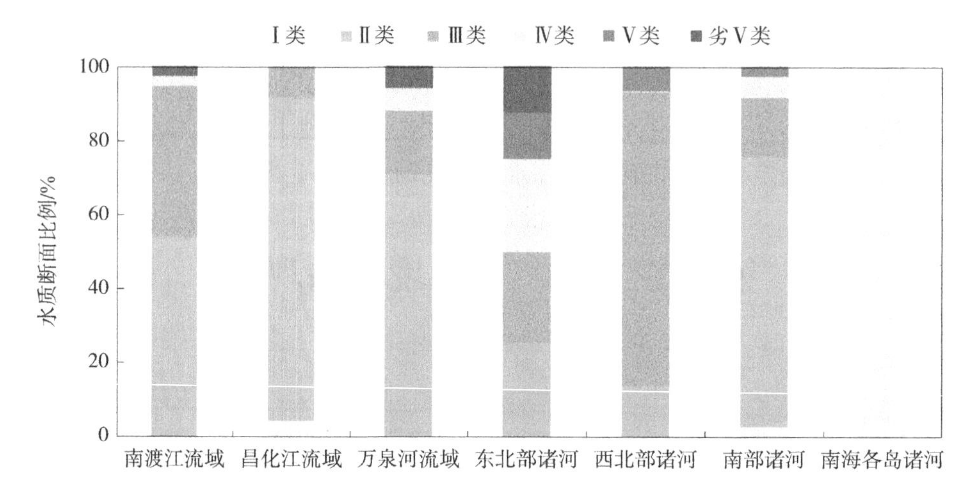

图 2-3-2　2021 年三大流域及海南岛东北部、西北部、南部诸河、南海各岛诸河水质类别比例

三、湖库水质状况

2021 年，海南省主要湖库水质总体为优。十大湖库及主要中小型湖库中，水质优良湖库有 38 个，占比为 92.7%；Ⅳ类水质湖库有 1 个，占比为 2.4%；Ⅴ类水质湖库有 2 个，占比为 4.9%；无劣Ⅴ类水质湖库（图 2-3-3）。

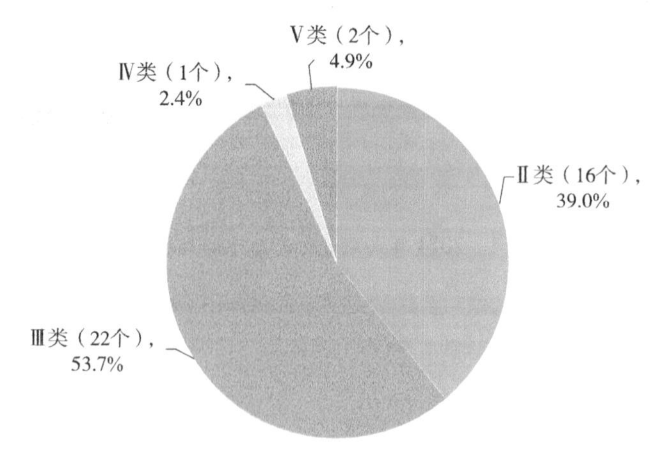

图 2-3-3　2021 年海南省主要湖库水质类别比例

41 个主要湖库中，高坡岭水库水质为中度污染、轻度富营养，主要污染指标为总磷、化学需氧量、高锰酸盐指数；湖山水库水质为中度污染、轻度富营养，主要污染指标为化学需氧量、总磷、高锰酸盐指数；珠碧江水库水质为轻度污染、中营养，主要污染指标为总磷；石门水库水质良好，但呈轻度富营养状态；其余湖库水质优良且呈贫营养或中营养状态（图 2-3-4 和图 2-3-5）。

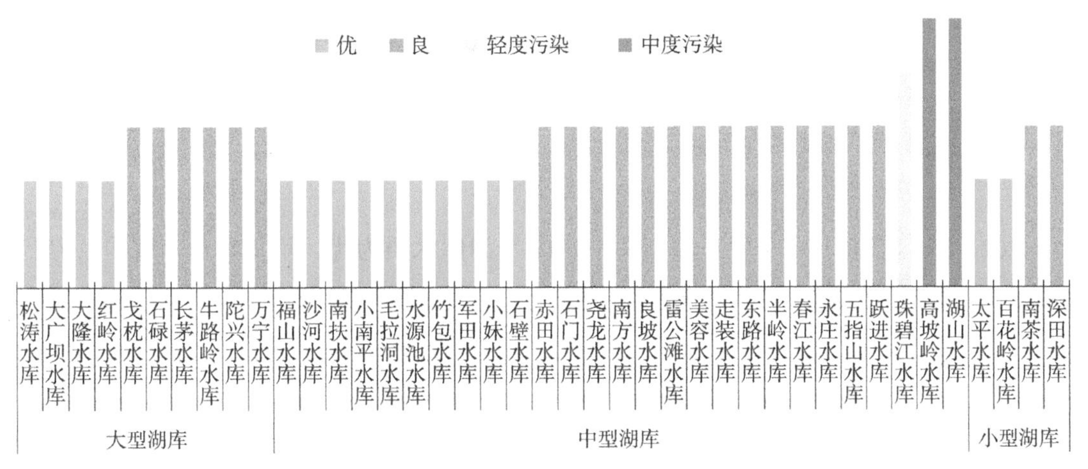

图 2-3-4　2021 年海南省主要湖库水质状况

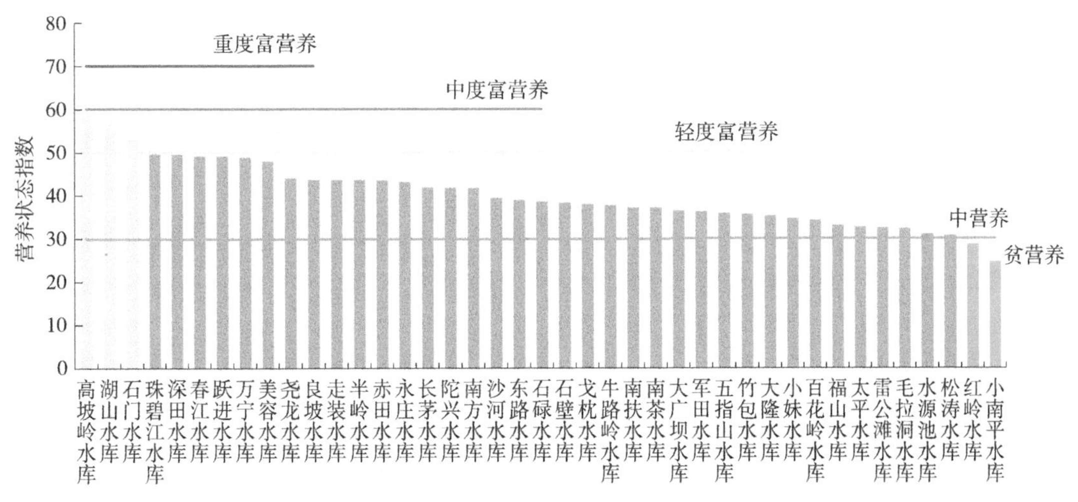

图 2-3-5　2021 年海南省主要湖库营养状态指数

超Ⅲ类湖库点位主要污染指标为总磷、化学需氧量、高锰酸盐指数，点位超标率分别为 5.8%、3.8%、3.8%，平均浓度分别为 0.030 mg/L、12.7 mg/L、2.8 mg/L。

总氮单独评价时，石门水库水质为劣Ⅴ类，高坡岭水库水质为Ⅳ类，其余湖库水质均为Ⅰ～Ⅲ类。

（一）大型湖库

2021 年，监测的 10 个大型湖库水质均为优良，且均呈贫营养或中营养状态。其中，松涛水库、大广坝水库、大隆水库、红岭水库 4 个湖库水质为优，牛路岭水库、万宁水库、石碌水库、陀兴水库、戈枕水库、长茅水库 6 个湖库水质良好。总氮单独评价水质为Ⅱ～Ⅲ类。

（二）中小型湖库

2021 年，监测的 31 个中小型湖库中，12 个湖库水质为优，均呈贫营养或中营养状态；16 个湖库水质良好，其中石门水库呈轻度富营养状态，其余均呈中营养状态；珠碧江水库水质为轻度污染、中营养，主要污染指标为总磷；高坡岭水库水质为中度污染、轻度富营养，主要污染指标为总磷、化学需氧量、高锰酸盐指数；湖山水库水质为中度污染、轻度富营养，主要污染指标为化学需氧量、总磷、高锰酸盐指数。总氮单独评价石门水库水质为劣Ⅴ类，高坡岭水库水质为Ⅳ类水质，其余 29 个湖库水质为Ⅰ～Ⅲ类。

第二节　地表水环境质量时空变化规律分析

一、海南省地表水水质空间变化规律分析

（一）河流水质空间变化规律

1. 南渡江流域

2021 年，南渡江流域总体水质为优。监测的 39 个断面中，Ⅱ类水质断面 21 个，占比为 53.8%；Ⅲ类水质断面为 16 个，占比为 41.0%；Ⅳ类、劣Ⅴ类水质断面各 1 个，占比均为 2.6%；无Ⅰ类、Ⅴ类水质断面。其中，巡崖河龙湖镇断面水质为Ⅳ类，腰子河先锋队断面水质为劣Ⅴ类。

南渡江干流及南美河、南叉河、南春河、南湾河、松涛东干渠、南利河、南淀河、永丰水 8 条支流水质为优；南坤河、西昌溪、绿现河、大塘河、海仔河、汝安河、新吴

溪、巡崖河、南面沟9条支流水质良好；腰子河水质轻度污染，主要污染指标为氨氮。

南渡江干流水质沿程变化特征：随着支流腰子河的汇入，南渡江干流从琼中番企村至澄迈长安取水口段综合污染指数呈波动上升趋势；随着巡崖河的汇入，定安定城取水口至海口群益村综合污染指数略有上升。此外，澄迈长安取水口至定安定城取水口、海口群益村至儒房段综合污染指数呈下降趋势（图2-3-6）。

南渡江主要支流水质分布特征：南渡江上游支流水质综合污染指数略低于中下游支流，中游腰子河、下游巡崖河综合污染指数略高于其余支流（图2-3-7）。

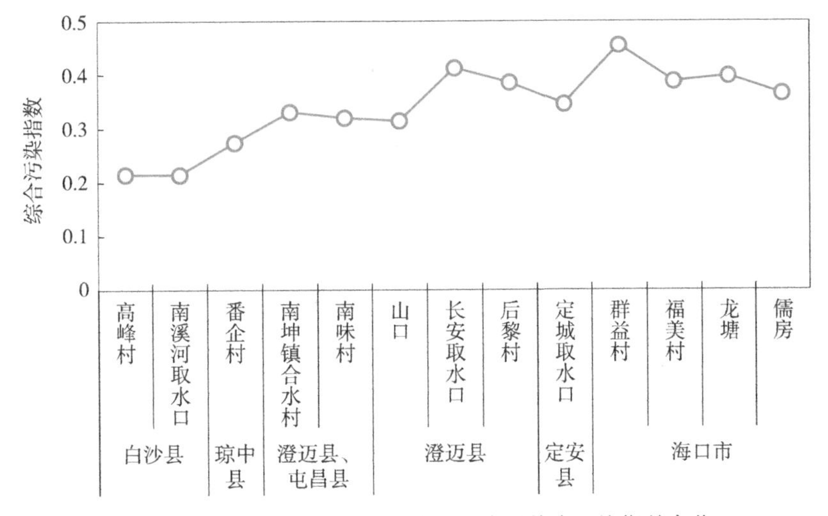

图2-3-6 2021年南渡江干流沿程水质综合污染指数变化

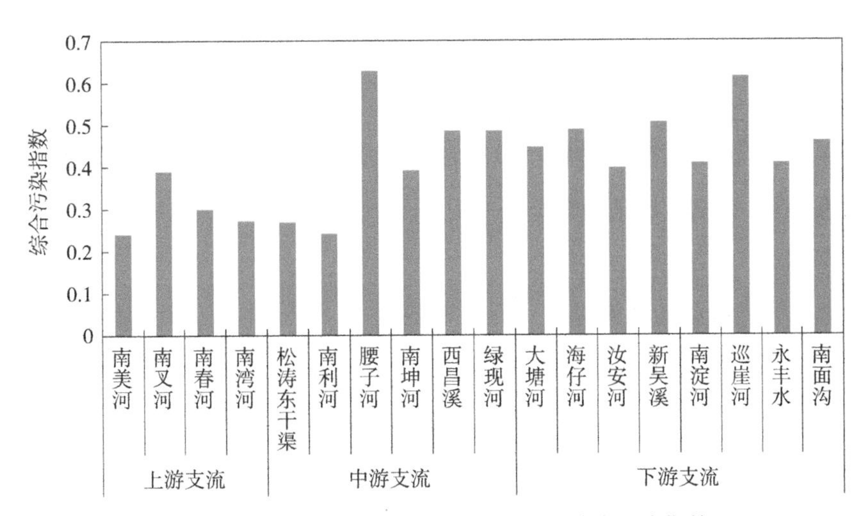

图2-3-7 2021年南渡江主要支流水质综合污染指数

2. 昌化江流域

2021年，昌化江流域总体水质为优。监测的24个断面中，Ⅰ类水质断面有1个，占比为4.2%；Ⅱ类水质断面有21个，占比为87.5%；Ⅲ类水质断面有2个，占比为8.3%；无Ⅳ类、Ⅴ类、劣Ⅴ类断面。

昌化江干流及水满河、通什水、毛庆水、乐中河、南巴河、南绕河、七差河、石碌河8条支流水质为优；东方水水质良好。

昌化江干流水质沿程变化特征：昌化江干流综合污染指数经过城市段时有略微上升趋势，即琼中罗解村水源地至五指山坤步水面桥段、五指山乐中至乐东山荣段综合污染指数上升。随着支流东方水的汇入，广坝村至东方、昌江交界点大风段综合污染指数呈上升趋势（图2-3-8）。

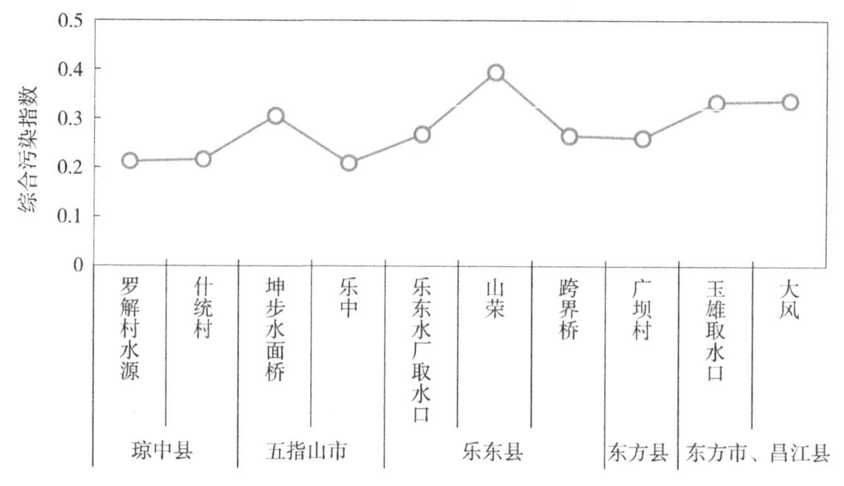

图2-3-8　2021年昌化江干流沿程水质综合污染指数变化

昌化江主要支流水质分布特征：昌化江上游支流水质综合污染指数低于下游支流，下游东方水明显高于其余支流（图2-3-9）。

3. 万泉河流域

2021年，万泉河流域总体水质良好。监测的17个断面中，Ⅱ类水质断面有12个，占比为70.6%；Ⅲ类水质断面有3个，占比为17.6%；Ⅳ类、劣Ⅴ类水质断面各1个，占比均为5.9%；无Ⅰ类、Ⅴ类断面。其中，什候河新市农场三队桥断面水质为Ⅳ类，塔洋河田头桥断面水质为劣Ⅴ类。

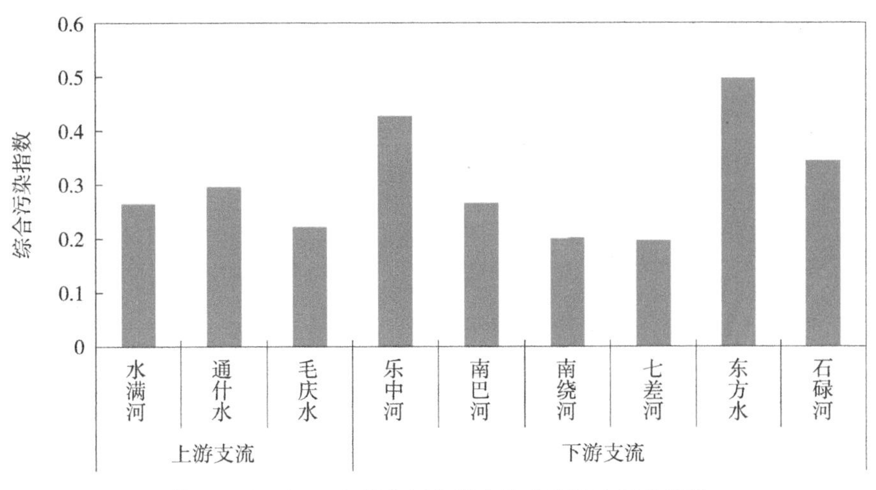

图 2-3-9 2021 年昌化江主要支流水质综合污染指数

万泉河干流及咬饭河、三更罗水、中平河、定安河、白岭河 5 条河流水质为优；青梯水、加浪河水质良好；什候河水质轻度污染，主要污染指标为总磷；塔洋河水质中度污染，主要污染指标为氨氮、总磷。

万泉河干流水质沿程变化特征：琼中乘坡大桥至琼海红星取水口段综合污染指数保持平稳，琼海红星取水口至汀州段综合污染指数随着塔洋河的汇入有明显上升趋势（图 2-3-10）。

万泉河主要支流水质分布特征：万泉河上游支流水质综合污染指数低于下游支流，呈阶梯式上升（图 2-3-11）。

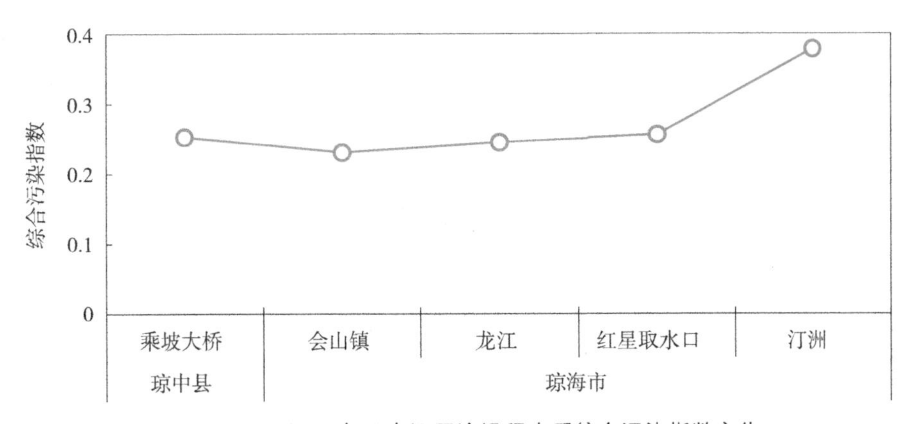

图 2-3-10 2021 年万泉河干流沿程水质综合污染指数变化

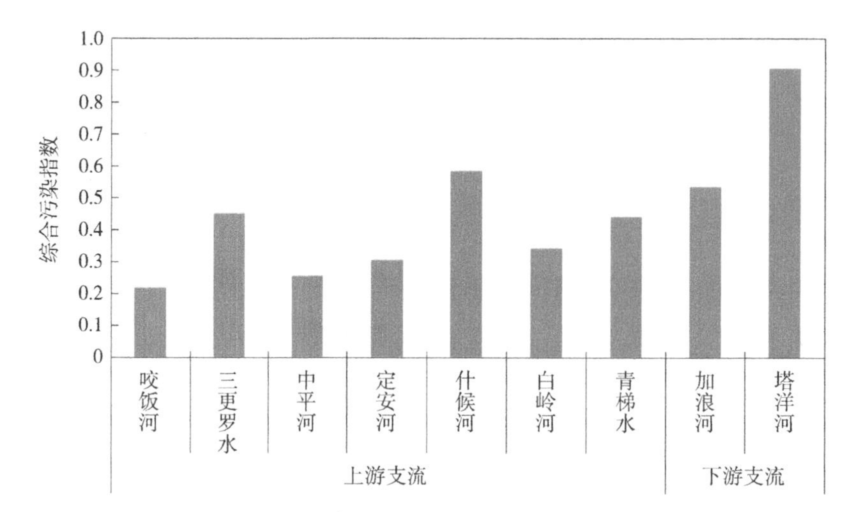

图 2-3-11　2021 年万泉河主要支流水质综合污染指数

4. 东北部诸河

2021 年，海南岛东北部诸河总体水质轻度污染。监测的 8 个断面中，Ⅱ类、Ⅲ类、Ⅳ类水质断面各 2 个，占比均为 25.0%；Ⅴ类、劣Ⅴ类水质断面各 1 个，占比均为 12.5%；无Ⅰ类断面。其中，文教河潭牛公路桥、演州河河口断面水质为Ⅳ类，文教河坡柳水闸断面水质为Ⅴ类，珠溪河河口断面水质为劣Ⅴ类。

监测的 5 条河流中，文昌江水质为优；北山溪水质良好；演洲河水质轻度污染，主要污染指标为化学需氧量；文教河水质轻度污染，主要污染指标为化学需氧量、高锰酸盐指数；珠溪河水质重度污染，主要污染指标为化学需氧量、高锰酸盐指数、总磷。

东北部河流特征：东北部 5 条监测河流综合污染指数为 0.40～1.36，珠溪河综合污染指数最高，文教河综合污染指数次之，文昌江综合污染指数最低（图 2-3-12）。

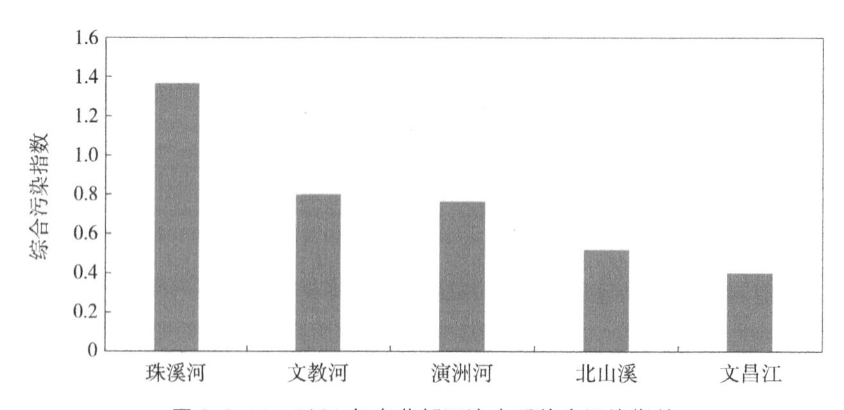

图 2-3-12　2021 年东北部河流水质综合污染指数

5. 西北部诸河

2021年，海南岛西北部诸河总体水质良好。监测的15个断面中，Ⅱ类水质断面有2个，占比为13.3%；Ⅲ类水质断面有12个，占比为80.0%；Ⅴ类水质断面有1个，占比为6.7%；无Ⅰ类、Ⅳ类、劣Ⅴ类水质断面。其中，北门江侨植桥断面水质为Ⅴ类。

监测的加来河、牙拉河、光村水、珠碧江、春江、北门江、文澜河7条河流水质均为良好。

西北部河流特征：西北部7条监测河流综合污染指数为0.39～0.71，北门江综合污染指数最高（图2-3-13）。

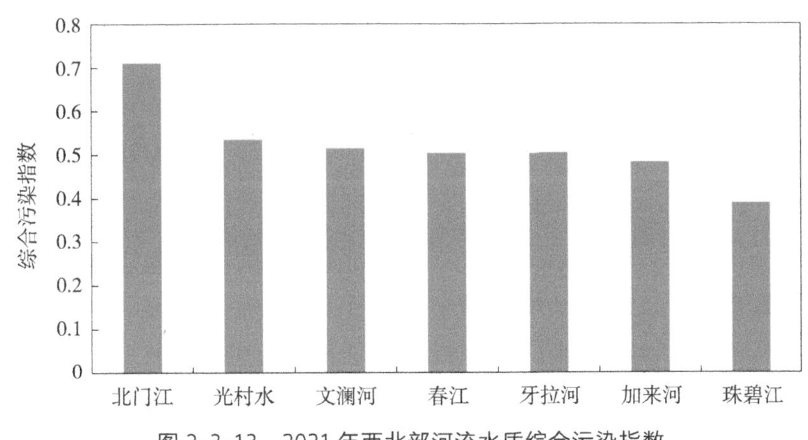

图2-3-13　2021年西北部河流水质综合污染指数

6. 南部诸河

2021年，海南岛南部诸河总体水质为优。监测的37个断面中，Ⅰ类水质断面有1个，占比为2.7%；Ⅱ类水质断面有27个，占比为73.0%；Ⅲ类水质断面有6个，占比为16.2%；Ⅳ类水质断面有2个，占比为5.4%；Ⅴ类水质断面有1个，占比为2.7%；无劣Ⅴ类水质断面。其中，东山河后山村、保亭水新星农场断面水质为Ⅳ类，罗带河罗带铁路桥断面水质为Ⅴ类。

监测的24条河流中，雅边方河、龙潭河、南桥水、脚下河、龙滚河、龙首河、龙尾河、长兴河、太阳河、陵水河、都总河、金聪河、藤桥河、藤桥西河、三亚河、宁远河、望楼河、感恩河18条河流水质为优；九曲江、半岭水、汤他水3条河流水质良好；东山河水质轻度污染，主要污染指标为总磷，且溶解氧含量偏低；保亭水水质轻度污染，主要污染指标为氨氮、总磷；罗带河水质中度污染，主要污染指标为总磷、化学需氧量、高锰酸盐指数。

南部河流特征：南部 24 条监测河流综合污染指数为 0.22～0.95，罗带河综合污染指数最高，脚下河综合污染指数最低（图 2-3-14）。

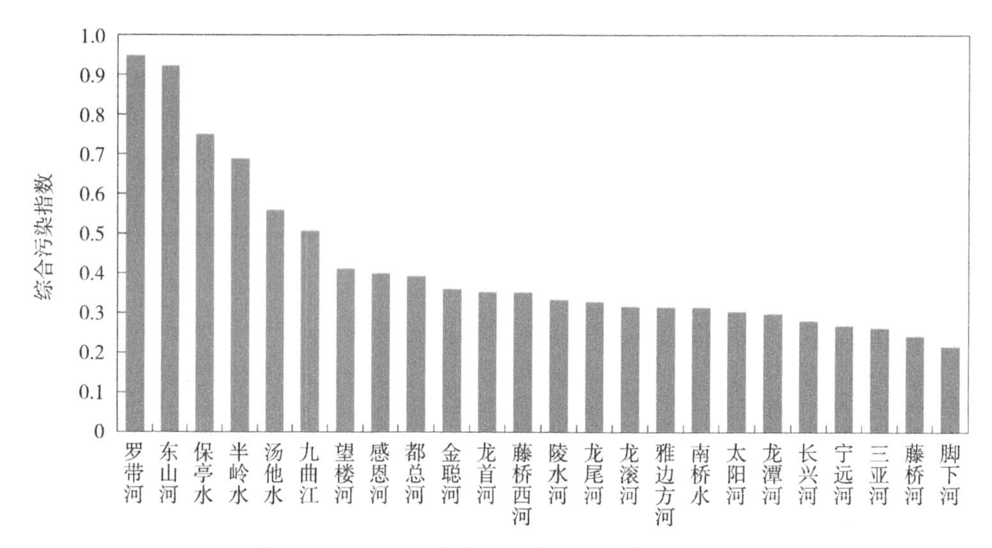

图 2-3-14　2021 年南部河流水质综合污染指数

7. 南海各岛诸河

2021 年，南海各岛诸河水质为优，监测的永兴断面水质为 I 类。

（二）湖库水质空间变化规律

2021 年，监测的 41 个主要湖库中，中度污染的湖库有 2 个，分别位于海南岛西南部区域（东方市高坡岭水库）和东北部区域（文昌市湖山水库）；白沙县珠碧江水库轻度污染，位于海南岛西南部区域。其余水库水质均为优良。

二、各水期变化规律分析

2021 年，海南省监测的 193 个断面（点位）中：枯水期、丰水期、平水期的优良水质比例分别为 91.1%、86.5%、95.9%；劣 V 类水质比例分别为 1.6%、1.6%、1.0%。总体水质呈现出平水期优于枯水期优于丰水期的变化规律（图 2-3-15）。

（一）河流各水期水质变化规律

2021 年枯水期，海南省河流水质状况总体为优，共监测 140 个断面。I 类水质断面占比为 5.0%，Ⅱ类水质断面占比为 64.3%，Ⅲ类水质断面占比为 20.7%，Ⅳ类水质断面占比为 5.0%，Ⅴ类水质断面占比为 2.9%，劣Ⅴ类水质断面占比为 2.1%。超Ⅲ类水质断面主要污染指标为化学需氧量、氨氮和总磷。

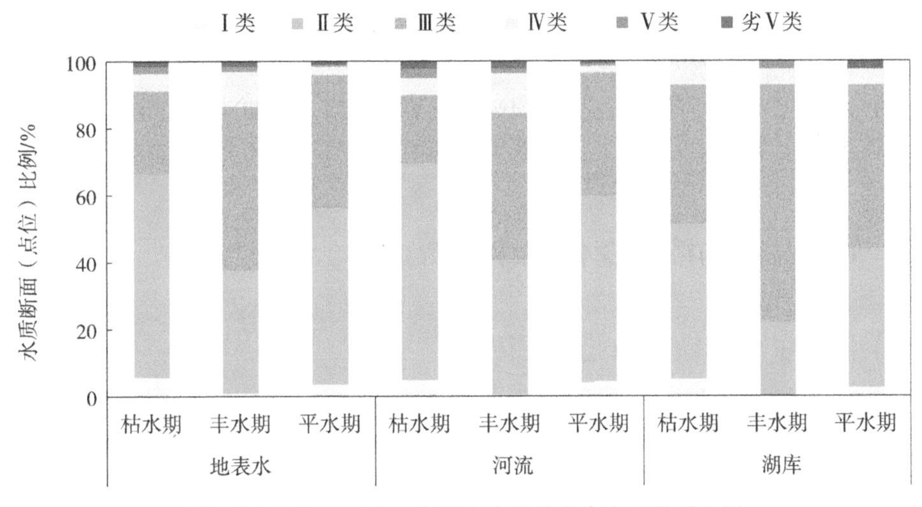

图 2-3-15　2021 年各水期海南省地表水水质类别比例

2021 年丰水期，海南省河流水质状况总体良好，共监测 141 个断面。Ⅰ类水质断面占比为 0.7%，Ⅱ类水质断面占比为 39.7%，Ⅲ类水质断面占比为 44.0%，Ⅳ类水质断面占比为 12.1%，Ⅴ类水质断面占比为 1.4%，劣Ⅴ类水质断面占比为 2.1%。超Ⅲ类水质断面主要污染指标为化学需氧量、高锰酸盐指数和总磷。

2021 年平水期，海南省河流水质状况总体为优，共监测 141 个断面。Ⅰ类水质断面占比为 4.3%，Ⅱ类水质断面占比为 55.3%，Ⅲ类水质断面占比为 36.9%，Ⅳ类水质断面占比为 2.1%，Ⅴ类水质断面占比为 0.7%，劣Ⅴ类水质断面占比为 0.7%。超Ⅲ类水质断面主要污染指标为高锰酸盐指数、总磷和化学需氧量。

（二）湖库各水期水质变化规律

2021 年枯水期，海南省湖库水质状况总体为优，共监测 41 个湖库。Ⅰ类水质湖库占比为 4.9%，Ⅱ类水质湖库占比为 46.3%，Ⅲ类水质湖库占比为 41.5%，Ⅳ类水质湖库占比为 7.3%，无Ⅴ类、劣Ⅴ类湖库。超Ⅲ类点位主要污染指标为总磷、高锰酸盐指数和化学需氧量。

2021 年丰水期，海南省湖库水质状况总体为优，共监测 41 个湖库。Ⅱ类水质湖库占比为 22.0%，Ⅲ类水质湖库占比为 70.7%，Ⅳ类水质湖库占比为 4.9%，Ⅴ类水质湖库占比为 2.4%，无Ⅰ类、劣Ⅴ类湖库。超Ⅲ类点位主要污染指标为化学需氧量、总磷和高锰酸盐指数。

2021 年平水期，海南省湖库水质状况总体为优，共监测 41 个湖库。Ⅰ类水质湖库占比为 2.4%，Ⅱ类水质湖库占比为 41.5%，Ⅲ类水质湖库占比为 48.8%，Ⅳ类水质湖库占比为 4.9%，劣Ⅴ类水质湖库占比为 2.4%，无Ⅴ类湖库。超Ⅲ类点位主要污染指标为总磷、化学需氧量和高锰酸盐指数。

三、主要污染物浓度变化规律分析

（一）河流主要污染指标变化规律

2021 年，海南省河流主要污染指标为总磷、化学需氧量、氨氮，断面超标率分别为 5.0%、4.3%、2.8%。

1. 总磷

海南省河流主要污染指标总磷呈现出东北部诸河污染物浓度最高（0.134 mg/L），南海各岛诸河污染物浓度最低（0.010 mg/L），万泉河流域和西北部诸河浓度较高的分布特征（图 2-3-16）。年内各月总磷浓度呈先上升后下降的趋势，浓度为 0.074～0.108 mg/L，全年各月总磷浓度差异较大，丰水期（5—9 月）浓度上升趋势明显（图 2-3-17）。

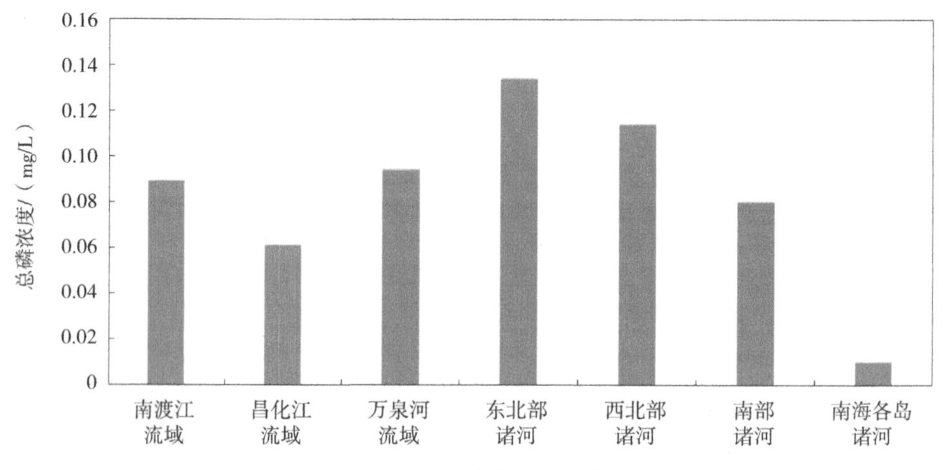

图 2-3-16　2021 年海南省河流总磷浓度分布

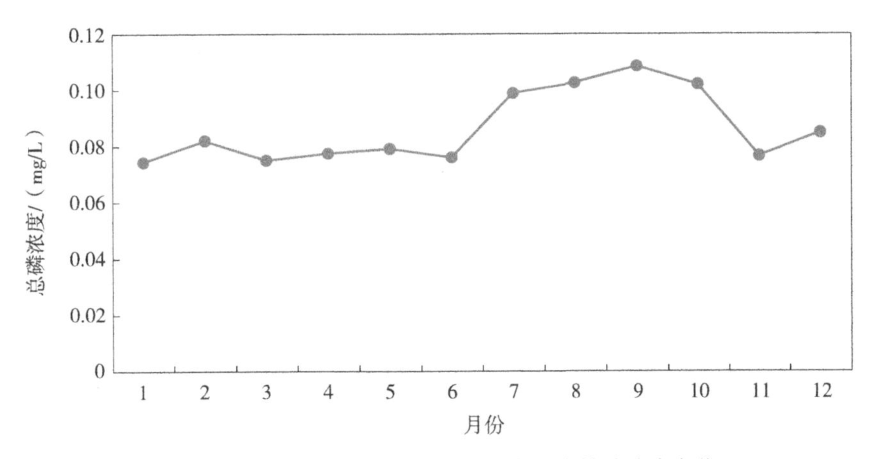

图 2-3-17　2021 年 1—12 月海南省河流总磷浓度变化

2. 化学需氧量

海南省河流主要污染指标化学需氧量呈现出东北部诸河污染物浓度最高（21.3 mg/L），西北部诸河次之（15.7 mg/L），南海各岛诸河污染物浓度最低（9.1 mg/L）的分布特征（图 2-3-18）。年内各月化学需氧量浓度呈先上升后下降的趋势，浓度为 11.1～15.0 mg/L，全年各月化学需氧量浓度差异较大，与总磷变化趋势相似，丰水期（5—9 月）浓度上升趋势明显（图 2-3-19）。

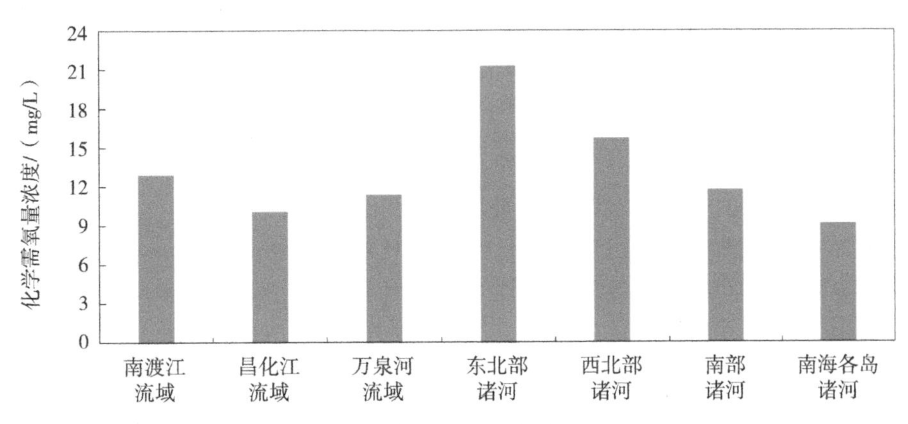

图 2-3-18　2021 年海南省河流化学需氧量浓度分布

3. 氨氮

海南省河流主要污染指标氨氮呈现出万泉河流域污染物浓度最高（0.33 mg/L），西北部诸河次之（0.22 mg/L），南海各岛诸河污染物浓度最低（0.02 mg/L）的分布特征（图 2-3-20）。年内各月氨氮浓度呈波动变化趋势，浓度为 0.11～0.29 mg/L，除 7 月浓度较高外，其余月份在较低浓度范围内波动（图 2-3-21）。

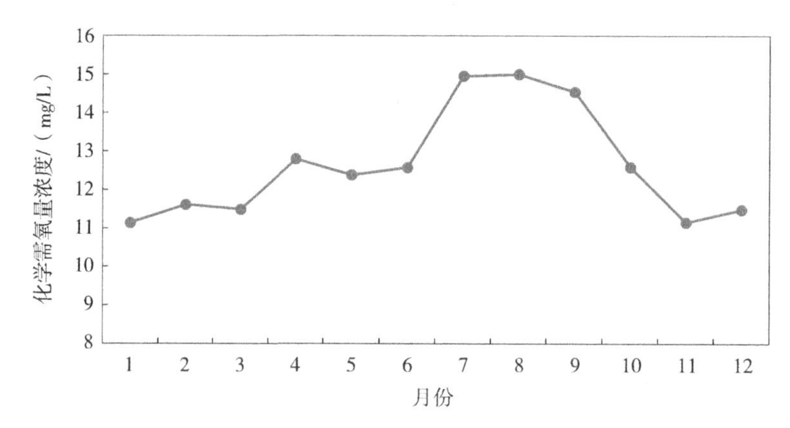

图 2-3-19　2021 年 1—12 月海南省河流化学需氧量浓度变化

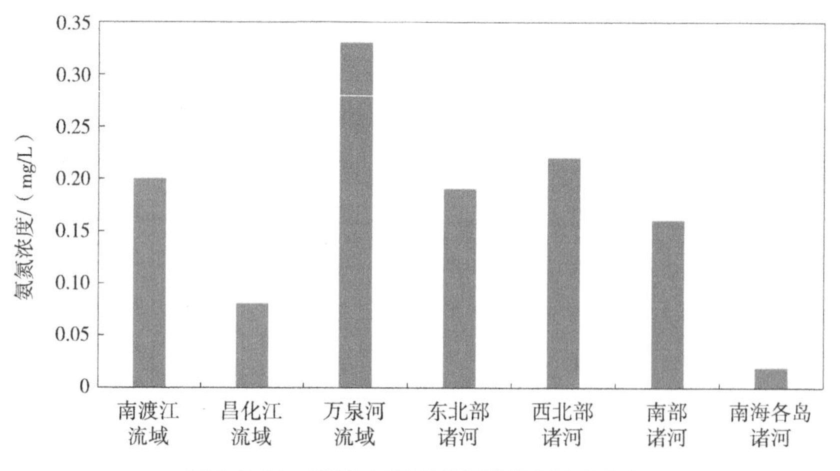

图 2-3-20　2021 年海南省河流氨氮浓度分布

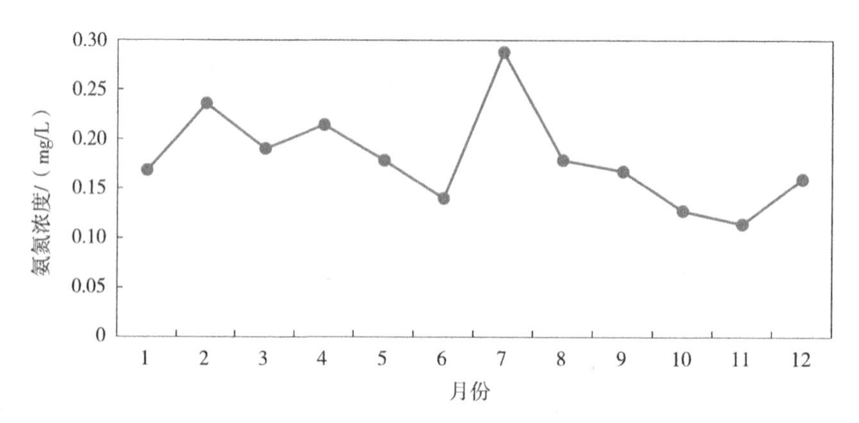

图 2-3-21　2021 年 1—12 月海南省河流氨氮浓度变化

（二）湖库主要污染指标变化规律

2021 年，海南省湖库点位主要污染指标为总磷、化学需氧量、高锰酸盐指数，点位超标率分别为 5.8%、3.8%、3.8%。

1. 总磷

年内各月总磷浓度呈波动变化趋势，浓度为 0.022～0.037 mg/L，7 月浓度上升趋势明显（图 2-3-22）。

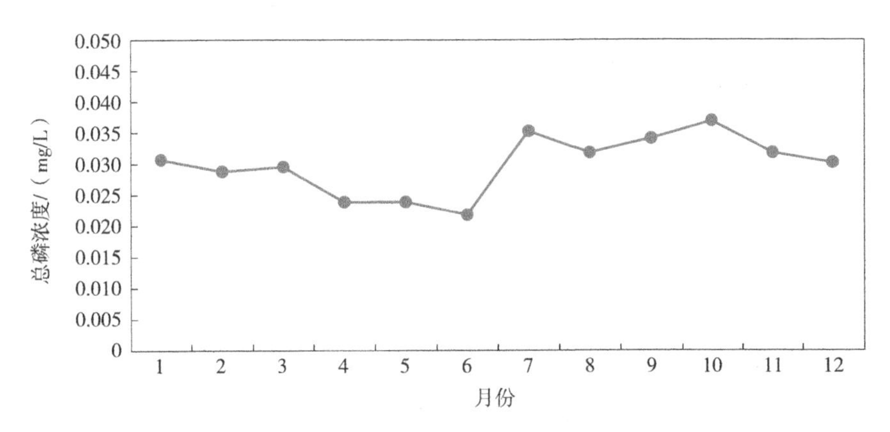

图 2-3-22　2021 年 1—12 月海南省湖库总磷浓度变化

2. 化学需氧量和高锰酸盐指数

年内各月化学需氧量和高锰酸盐指数浓度变化趋势基本一致，呈先上升后下降的变化趋势，丰水期（5—9 月）浓度上升趋势明显（图 2-3-23）。

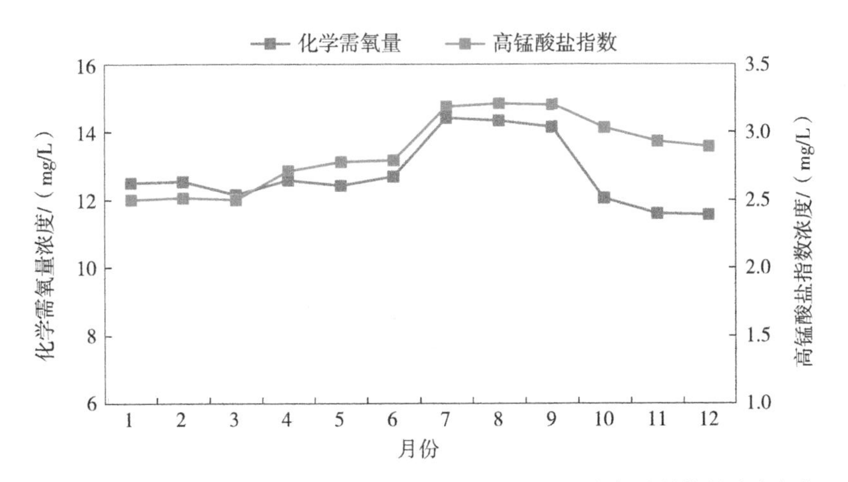

图 2-3-23　2021 年 1—12 月海南省湖库化学需氧量和高锰酸盐指数浓度变化

四、各市县地表水环境质量状况及排名

（一）水质状况

2021 年，海南省 19 个市县中，三沙、三亚、五指山、陵水、澄迈、临高、乐东、昌江 8 个市县水质为优，水质优良比例均为 100%；琼中、万宁、白沙、定安、保亭、琼海、屯昌 7 个市县水质为优，水质优良比例为 90.0%～94.4%；海口、儋州、东方 3 个市县水质良好，水质优良比例为 81.8%～88.9%；文昌水质轻度污染，水质优良比例为 63.6%。从各市县水质优良比例分布来看，海南岛东北部及西北部部分市县水质优良比例相对偏低。

海南省共 15 个断面（点位）水质未达到优良。其中，文昌市珠溪河河口、琼海市塔洋河田头桥、屯昌县腰子河先锋队 3 个断面为重度污染；文昌市文教河坡柳水闸、湖山水库出口、东方市罗带河罗带铁路桥、高坡岭水库出口、儋州市北门江侨植桥 5 个断面（点位）为中度污染；海口市演州河河口、文昌市文教河潭牛公路桥、万宁市东山河后山村、儋州白沙共界的珠碧江水库出口、琼中县什候河新市农场三队桥、保亭县保亭水新星农场、定安县巡崖河龙湖镇 7 个断面为轻度污染。

（二）地表水环境质量排名

2021 年，海南省 19 个市县城市水质指数为 2.678 9～5.148 0，地表水环境质量相对较好的是三沙市、五指山市、琼中县，相对较差的是文昌市、东方市、儋州市。地表水环境质量变化情况相对较好的是文昌市、三亚市、陵水县，相对较差的是海口市、白沙县、东方市（表 2-3-1）。

表 2-3-1　2021 年海南省各市县地表水环境质量排名

排名	市县名称	城市水质指数	排名	市县名称	城市水质指数
1	三沙市	2.678 9	7	陵水县	3.567 0
2	五指山市	3.202 7	8	白沙县	3.623 6
3	琼中县	3.308 4	9	三亚市	3.729 7
4	万宁市	3.476 2	10	澄迈县	3.732 0
5	保亭县	3.483 8	11	乐东县	3.852 8
6	昌江县	3.547 0	12	琼海市	4.098 6

续表

排名	市县名称	城市水质指数	排名	市县名称	城市水质指数
13	海口市	4.110 8	17	儋州市	4.368 0
14	临高县	4.202 8	18	东方市	4.536 4
15	定安县	4.205 6	19	文昌市	5.148 0
16	屯昌县	4.314 6	—	—	—

注：按照《城市地表水环境质量排名技术规定（试行）》（环办监测〔2017〕51 号）计算城市水质指数，城市水质指数越小表明城市地表水环境质量状况越好，排名越靠前。

第三节 地表水环境质量年度对比分析

与 2020 年相比，2021 年海南省地表水水质总体保持稳定，水质优良断面比例上升 1.5 个百分点，Ⅳ类水质断面比例下降 4.7 个百分点，Ⅴ类水质断面比例上升 2.1 个百分点，劣Ⅴ类水质断面比例上升 1.1 个百分点。

一、河流年度对比分析

与 2020 年相比，2021 年海南省河流水质状况无明显变化，水质优良比例持平，Ⅳ类水质断面比例下降 2.8 个百分点，Ⅴ类水质断面比例上升 1.4 个百分点，劣Ⅴ类水质断面比例上升 1.4 个百分点。超Ⅲ类主要污染指标总磷、氨氮断面超标率分别上升 2.2 个百分点和 2.8 个百分点，化学需氧量断面超标率下降 0.7 个百分点（图 2-3-24）。

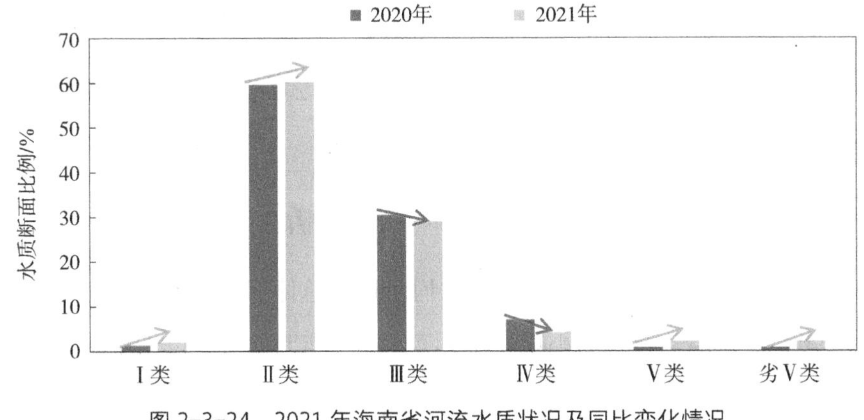

图 2-3-24 2021 年海南省河流水质状况及同比变化情况

与 2020 年相比，2021 年南渡江流域、昌化江流域和东北部诸河、南海各岛诸河水质保持稳定，万泉河流域和西北部诸河水质有所下降，南部诸河水质有所好转。

二、湖库年度对比分析

与2020年相比，2021年海南省十大湖库及主要中小型湖库水质状况无明显变化，水质优良湖库比例持平，Ⅳ类水质湖库比例下降4.9个百分点，Ⅴ类水质湖库比例上升4.9个百分点，均无劣Ⅴ类水质湖库。超Ⅲ类湖库点位主要污染指标总磷点位超标率下降5.8个百分点，化学需氧量和高锰酸盐指数点位超标率持平（图2-3-25）。

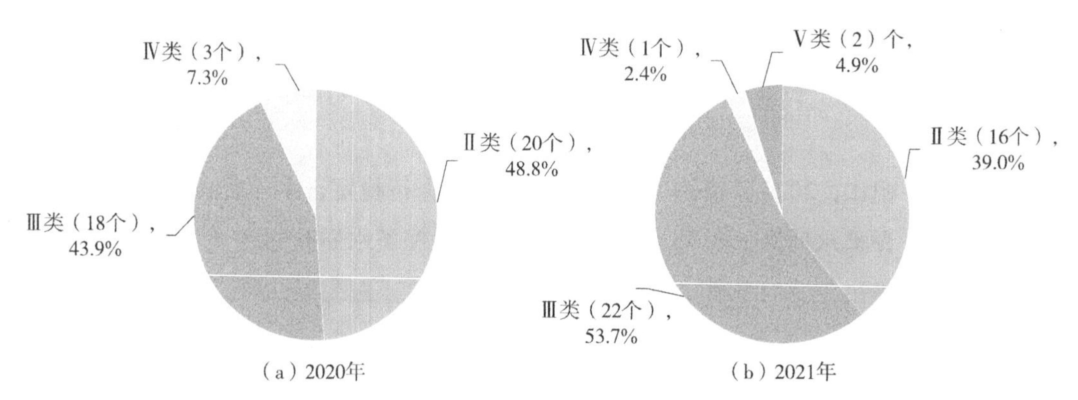

图2-3-25　2020年和2021年海南省湖库水质状况及同比变化情况

与2020年相比，监测的10个大型湖库水质、营养状态均无明显变化。监测的31个中小型湖库中，高坡岭水库和湖山水库水质有所下降（Ⅳ类下降为Ⅴ类），其余各中小型湖库水质无明显变化；春江水库和良坡水库营养状态由轻度富营养变为中营养，湖山水库营养状态由中度富营养变为轻度富营养，其余各中小型湖库营养状态无明显变化。

第四节　地表水环境质量年际（2016—2021年）变化趋势分析

一、海南省地表水环境质量年际变化分析

2016—2021年，海南省地表水水质状况均为优，总体保持平稳。水质优良断面（点位）比例在90.1%～94.4%范围内小幅波动，劣Ⅴ类水质断面（点位）比例在0.5%～1.6%范围内波动（图2-3-26）。

秩相关系数法分析结果表明，2016—2021年海南省地表水各类别水质比例无显著变化趋势。

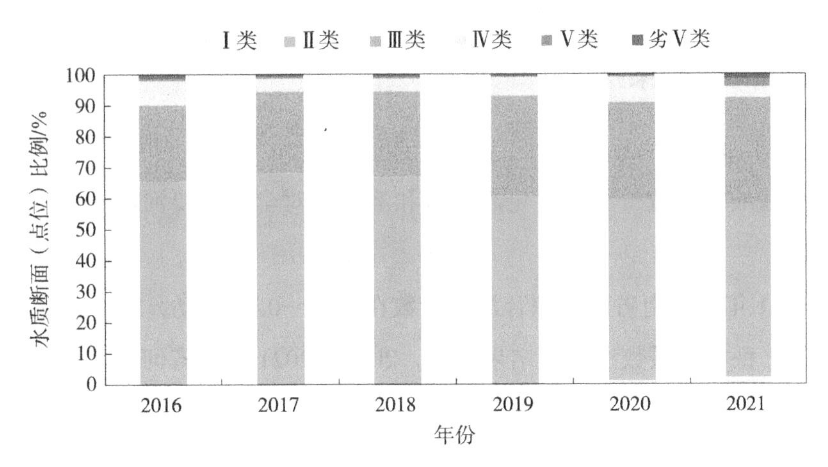

图 2-3-26 2016—2021 年海南省地表水水质类别比例

二、河流水质年际变化分析

（一）河流水质状况年际变化

2016—2021 年，海南省河流水质保持为优，水质优良断面比例在 91.5%～94.5% 范围内波动，2016—2017 年小幅上升，2018—2021 年小幅下降；劣Ⅴ类水质断面比例在 0.7%～2.1% 范围内波动（图 2-3-27）。

秩相关系数法分析结果表明，2016—2021 年海南省河流各水质类别比例无显著变化趋势。

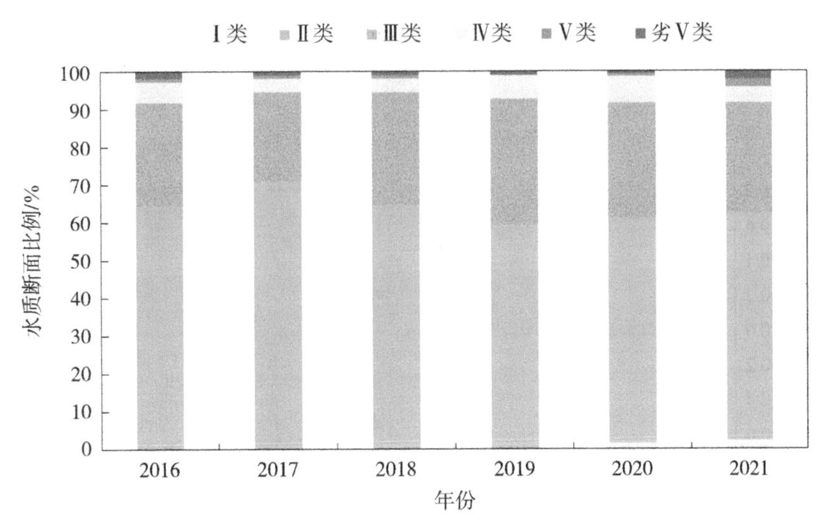

图 2-3-27 2016—2021 年海南省主要河流水质类别比例

（二）河流综合污染指数年际变化

根据2021年海南省河流水质污染特征，选用河流水质主要定类指标总磷、化学需氧量、氨氮、高锰酸盐指数、五日生化需氧量和溶解氧对全省主要河流进行综合污染指数变化趋势分析。

2016—2021年，海南省河流综合污染指数在0.41～0.45波动，2016年最高，之后在0.42上下波动。秩相关系数法分析结果表明，2016—2021年全省河流及三大流域综合污染指数均无显著变化趋势。昌化江流域综合污染指数最低，除2020年南渡江流域综合污染指数略高于全省外，其余年度三大流域综合污染指数均低于全省河流水平（图2-3-28和图2-3-29）。

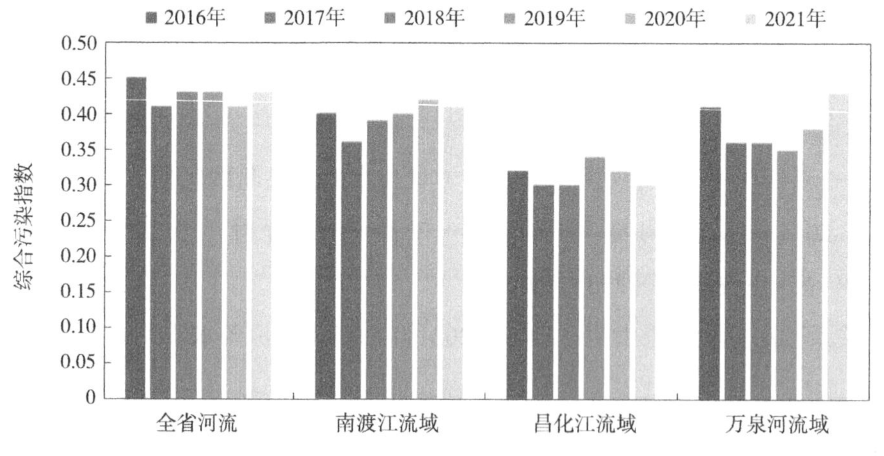

图2-3-28　2016—2021年海南省河流及三大流域综合污染指数变化

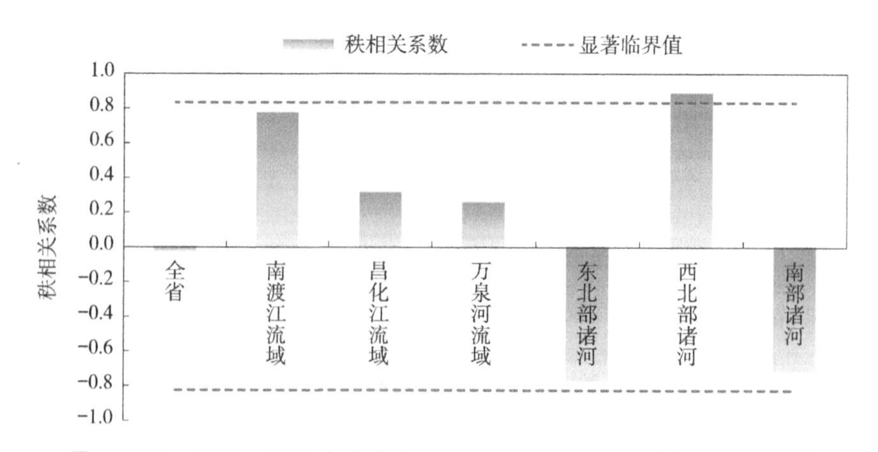

图2-3-29　2016—2021年海南省河流及各流域综合污染指数秩相关系数

海南省监测的76条河流中，22条河流因监测数据不足5年，无法计算秩相关系数。秩相关系数法分析结果表明，2016—2021年，巡崖河和水满河综合污染指数上升趋势显著，龙尾河、太阳河、半岭水、三亚河综合污染指数下降趋势显著，其余48条河流综合污染指数无显著变化趋势。

三、湖库水质年际变化分析

（一）湖库水质状况年际变化

2016—2021年，海南省湖库优良个数比例在82.6%～92.7%范围内波动，呈上升趋势（图2-3-30）。

秩相关系数法分析结果表明，海南省湖库Ⅰ～Ⅲ类水质比例和Ⅴ类水质比例上升趋势显著，其余水质类别比例无显著变化趋势。

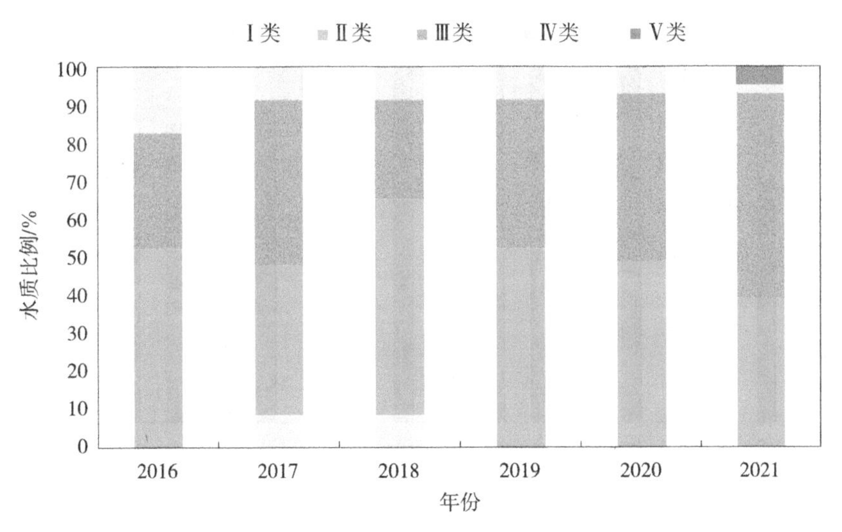

图2-3-30 2016—2021年海南省湖库水质类别比例

（二）湖库综合污染指数年际变化

根据2021年海南省湖库水质污染特征，选用湖库水质主要定类指标高锰酸盐指数、化学需氧量、总磷、总氮和溶解氧对全省主要湖库进行综合污染指数变化趋势分析。

2016—2021年，海南省湖库综合污染指数在0.33～0.45波动，先降后升，秩相关系数法分析结果表明无显著变化趋势。

海南省监测的 41 个湖库中，18 个因监测数据不足 5 年，无法计算秩相关系数。秩相关分析结果表明，2016—2021 年，陀兴水库、珠碧江水库综合污染指数上升趋势显著，其余 21 个湖库综合污染指数无显著变化趋势。

第五节　水功能区达标情况

2021 年，海南省 65 个水功能区中，55 个水功能区水质达到相应水质目标，达标率为 84.6%。24 个国家重要水功能区中，21 个水功能区水质达到相应水质目标，达标率为 87.5%，达到国家拟定的 2021 年重要水功能区水质达标率 75% 的目标。

海南省 17 个市县（不含三沙市、屯昌县）中，海口、五指山、琼海、东方、临高、乐东、陵水、昌江、三亚、定安 10 个市县达标率均为 100%；琼中、文昌、白沙、儋州、保亭、万宁、澄迈 7 个市县存在超标水功能区，达标率为 33.3%～83.3%（图 2-3-31）。

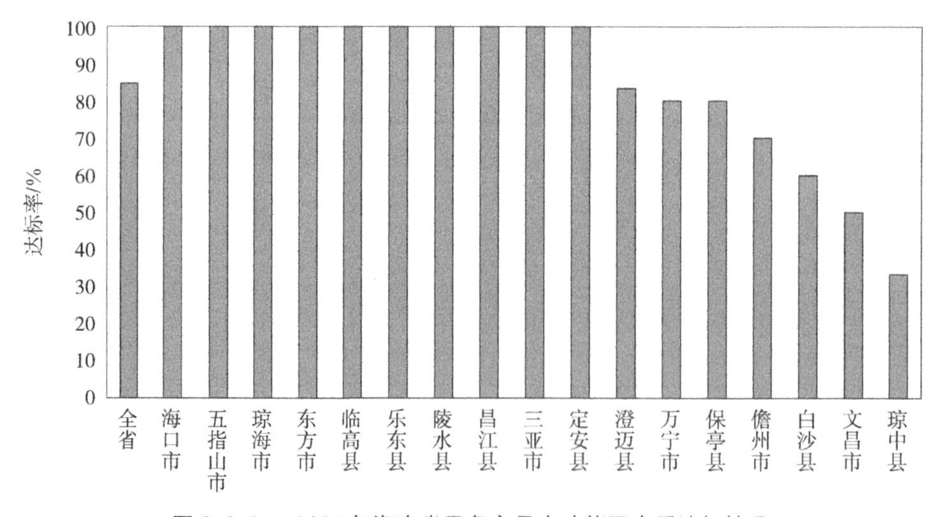

图 2-3-31　2021 年海南省及各市县水功能区水质达标情况

第六节　变化原因分析

一、污水收集率低，城镇污水处理厂“两低”问题突出

海南省城镇生活污水处理设施及配套管网建设“欠账”较多，现有基础设施存在建

设标准低，污水收集管网破损严重、收集率低，城市管网错接、漏接现象，导致城镇污水处理厂“两低”问题突出。

二、污水直排入河，水体自净能力不堪负重

2021 年，海南省城镇污水处理厂数量为 146 座，比 2020 增加 55 座；合计污水处理能力为 173.25 万 m^3/d，比 2020 年增加 13.25 万 m^3/d。已建污水管网雨污不分、渗漏破损等问题仍较为突出，“十四五”期间还有 3 000 km 污水收集管网需新建、改造，相当数量生活污水未经处理直排入河，造成严重污染。

三、农业种植、畜禽养殖及水产养殖等污染治理滞后，严重影响水体水质

农业种植面源中使用各种肥料、药品通过地表径流直接排入河道；畜禽养殖散养问题突出，大体量畜禽散布在河道边及河道内随意排放粪便；水产养殖尾水未经过达标处理即通过排水沟或渠直接进入水体。海南省涉农污染治理滞后，非规模化畜禽养殖、水产养殖、农业种植等农业面源污染缺乏有效治理体系和精准管控措施，导致农业面源污染不断累积，成为水体污染的主要来源。

第七节　小结

一、海南省地表水水质持续为优，总体保持平稳

2021 年，海南省地表水环境质量持续为优。水质优良比例为 92.2%，同比上升 1.5 个百分点；劣Ⅴ类水质比例为 1.6%，同比上升 1.1 个百分点。劣Ⅴ类断面（点位）数量较 2020 年增加 2 个。2016—2021 年，全省地表水水质状况均为优，总体保持平稳。

二、大江大河水质优良，少数河流污染较严重

2021 年，南渡江流域、昌化江流域水质为优，万泉河流域水质良好。从区域分布情况看，海南省河流水质呈现“中部优良，沿海局部污染”的分布特征。其中东北部珠溪河持续重度污染；万泉河流域塔洋河水质恶化明显，由良好恶化为中度污染；南部罗带河水质有所下降，由轻度污染下降为中度污染；东北部演洲河、文教河及南部东山河水

质保持不变，仍为轻度污染；南渡江流域腰子河、万泉河流域什候河及南部保亭水水质有所下降，由良好下降为轻度污染。

三、海南省湖库水质持续为优，个别湖库水质下降

2021 年，海南省 41 个主要湖库中，水质优良湖库为 38 个，占比为 92.7%，高坡岭水库和湖山水库中度污染，珠碧江水库轻度污染；高坡岭水库、湖山水库、石门水库呈轻度富营养状态，其余 38 个湖库呈贫营养或中营养状态。与 2020 年相比，2021 年高坡岭水库和湖山水库水质由Ⅳ类下降为Ⅴ类；湖库总体受氮磷影响减弱，春江水库和良坡水库营养状态由轻度富营养好转为中营养，湖山水库由中度富营养好转为轻度富营养。

“河湖长制”河流湖库水质以优良为主

2021 年，海南省河湖长制水质监测覆盖 51 条省级“河长制”河流和省级“湖长制”4 个湖库，共布设 121 个监测断面（点位）。

51 条省级“河长制”河流中，42 条水质为优良，9 条河流受到不同程度的污染。海南省 51 条省级“河长制”河流中，25 条河流水质为优，分别为南渡江、万泉河、昌化江、白石溪、板来河、定安河、沟门村水、古城河、金聪河、陵水河、龙滚河、龙潭河、南水吉沟、宁远河、沙荖河、石碌河、石滩河、松涛东干渠、藤桥河、藤桥西河、文昌江、贤水、雅边方河、永丰水和长兴河；17 条河流水质为良好，分别为北山溪、卜南河、打拖河、大岭河、大塘河、光村水、加浪河、九曲江、老城河、文科河、文澜河、文曲河、西昌溪、新吴溪、巡崖河、尧龙河和珠碧江；5 条河流水质为轻度污染，分别为美龙河、文教河、洋坡溪、腰子河和英州河；2 条河流水质为中度污染，分别为光吉河和塔洋河；2 条河流水质为重度污染，分别为南洋河和岭后河。

4 个省级“湖长制”湖库总体水质为优。松涛水库和大广坝水库 2 个湖库水质均为优、中营养，牛路岭水库和戈枕水库水质均为良好、中营养。

与 2020 年相比，2021 年沙荖河水质由重度污染明显好转为优，卜南河水质由轻度污染好转为良好；腰子河、美龙河和英州河水质由良好下降为轻度污染，南洋河和岭后河水质由中度污染下降为重度污染，光吉河和塔洋河水质由良好恶化为中度污染，其余河流水质无明显变化。4 个湖库水质和营养状态无明显变化。

城镇内河湖水质状况达治理以来最高水平

2021年，海南省城镇内河（湖）共监测77条河流93个断面、11个湖库11个点位，共计88个水体104个断面。

104个断面中，98个断面达到相应水质目标，水质达标率为94.2%，同比上升7.2个百分点。6个断面水质未达标且均未消除劣Ⅴ类，分别是海口市美舍河凤翔桥、白水塘沟，琼海市双沟溪甲岭村桥、塔洋河礼都村，儋州市北门江的南茶桥和东干村。

全省城镇内河（湖）水质优良（Ⅰ～Ⅲ类）断面46个，占比为44.2%，同比上升10.2个百分点；Ⅳ类水质断面36个，占比为34.6%，同比上升3.6个百分点；Ⅴ类水质断面16个，占比为15.4%，同比下降0.6个百分点；劣Ⅴ类水质断面6个，占比为5.8%，同比下降13.2个百分点。主要污染指标为总磷、氨氮、化学需氧量。

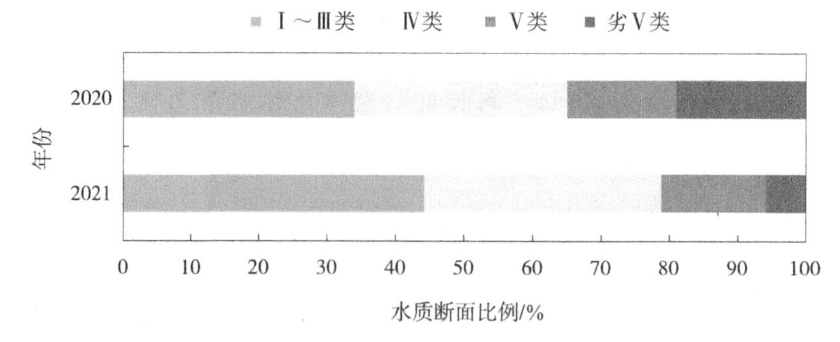

2021年海南省城镇内河（湖）水质状况及同比变化情况

第四章　饮用水水源地

2021 年，海南省 32 个县级以上城市（镇）集中式饮用水水源地以地表水为主要水源，其中地表水水源地 31 个，地下水水源地 1 个，水质达标率为 100%。全年取水量为 63 683.90 万 m^3（地表水水源地取水量为 63 496.90 万 m^3，地下水水源地取水量为 187.00 万 m^3），取水量达标率为 100%。与 2020 年相比，2021 年全省 32 个县级以上城市（镇）集中式饮用水水源地水质达标率保持为 100%。

2021 年，全省 32 个县级以上城市（镇）集中式饮用水水源地水质以Ⅱ类为主，水质总体优良。按年均值评价，32 个饮用水水源地中，Ⅰ类水质饮用水水源地占比为 3.1%，同比下降 0.2 个百分点；Ⅱ类水质饮用水水源地占比为 75.0%，同比下降 8.4 个百分点；Ⅲ类水质饮用水水源地占比为 21.9%，同比上升 8.6 个百分点（图 2-4-1）。

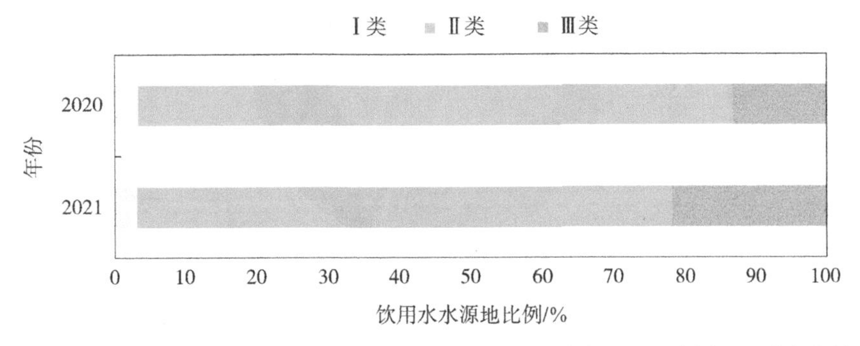

图 2-4-1　2021 年海南省城市（镇）集中式饮用水水源地水质类别比例及同比变化情况

第五章　地下水

2021 年，海南省地下水环境质量总体较好，Ⅱ～Ⅳ类水质点位占比为 87.7%。

海南省开展监测的 73 个地下水环境质量点位中，水质为Ⅱ类的点位有 8 个，占比为 11.0%；水质为Ⅲ类的点位有 25 个，占比为 34.2%；水质为Ⅳ类的点位有 31 个，占比为 42.5%；水质为Ⅴ类的点位有 9 个，占比为 12.3%。超Ⅲ类指标主要为 pH、锰、铁，pH 主要受表层土壤酸化与含水介质上部覆盖层性质的影响，铁、锰主要受海南岛原生地质背景影响（图 2-5-1）。

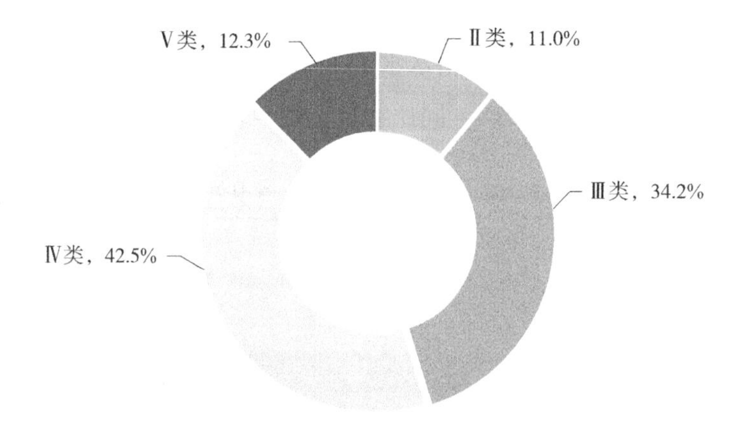

图 2-5-1　2021 年海南省地下水水质类别比例

第六章　海洋

2021年，海南省近岸海域水质为优。国家重点海水浴场水质等级为优的天数比例为100%。珊瑚礁生态系统处于健康状态，海草床生态系统处于亚健康状态。20个重点港湾满足“湾长制”目标水质要求，5个重点港湾未达到“湾长制”目标水质要求。与2020年相比，2021年海南省近岸海域水质、典型生态系统健康状态保持稳定。

第一节　近岸海域

一、近岸海域水质现状

（一）水质现状

2021年，海南省近岸海域海水水质总体为优，优良水质面积比例为99.77%[①]。其中一类水质面积比例为99.37%，二类水质面积比例为0.40%，三类水质面积比例为0.02%，四类水质面积比例为0.14%，劣四类水质面积比例为0.07%。主要污染指标为活性磷酸盐、化学需氧量、无机氮。

全省近岸海域水质出现超标的指标为活性磷酸盐、化学需氧量、无机氮，个别点位水体pH偏低。其中，活性磷酸盐含量超标主要出现在万宁小海、文昌清澜红树林自然保护区、八门湾度假旅游区、琼海潭门渔港4个点位，化学需氧量含量超标主要出现在万宁小海点位，无机氮含量超标主要出现在文昌清澜红树林自然保护区点位，三亚榆林港点位pH偏低。

（二）富营养化现状

2021年，全省近岸海域呈富营养化状态的海域面积为32.8 km^2。其中轻度富营养、

① 海南省近岸海域优良水质面积比例极高，为表现各类水质面积差异，面积比例特保留两位小数。

中度富营养、重度富营养海域面积分别为 17.1 km^2、11.3 km^2、4.4 km^2。呈富营养化状态的海域主要分布在万宁小海、文昌清澜湾近岸海域。

二、近岸海域水质时空变化规律分析

（一）春季、夏季水质状况

2021 年，海南省近岸海域春季总体水质较夏季好，其中春季一类水质比例较夏季高，四类、劣四类水质比例较夏季低。

春季优良水质面积比例为 99.85%，其中一类水质面积比例为 99.65%，二类水质面积比例为 0.20%，三类水质面积比例为 0.03%，四类水质面积比例为 0.09%，劣四类水质面积比例为 0.03%（图 2-6-1）。

夏季优良水质面积比例为 99.69%，较春季下降 0.16 个百分点。其中，一类水质面积比例为 99.09%，较春季下降 0.56 个百分点；二类水质面积比例为 0.60%，较春季上升 0.40 个百分点；四类水质面积比例为 0.19%，较春季上升 0.10 个百分点；劣四类水质面积比例为 0.12%，较春季上升 0.09 个百分点；夏季无三类水质（图 2-6-2）。

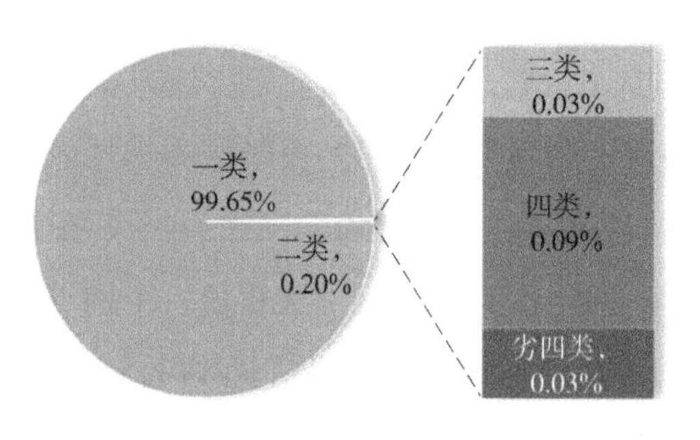

图 2-6-1　2021 年春季海南省近岸海域水质比例

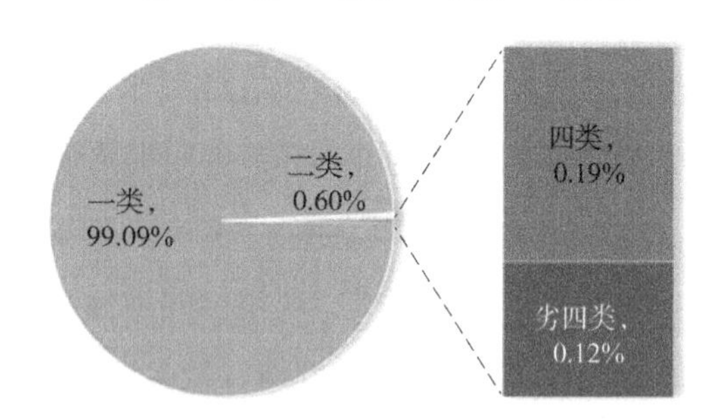

图 2-6-2　2021 年夏季海南省近岸海域水质比例

（二）各海区水质状况

2021 年，海南省近岸海域各海区海水水质均为优。其中，西沙群岛、西部海区水质优良面积比例均为 100%，南部海区、北部海区、东部海区水质优良面积比例分别为 99.96%、99.75%、99.22%。

水质最好的海区为西沙群岛，其次为西部海区、南部海区、北部海区，东部海区水质最差。其中，东部海区、北部海区出现劣四类、四类水质，主要出现在万宁小海、文昌清澜湾近岸海域（图 2-6-3）。

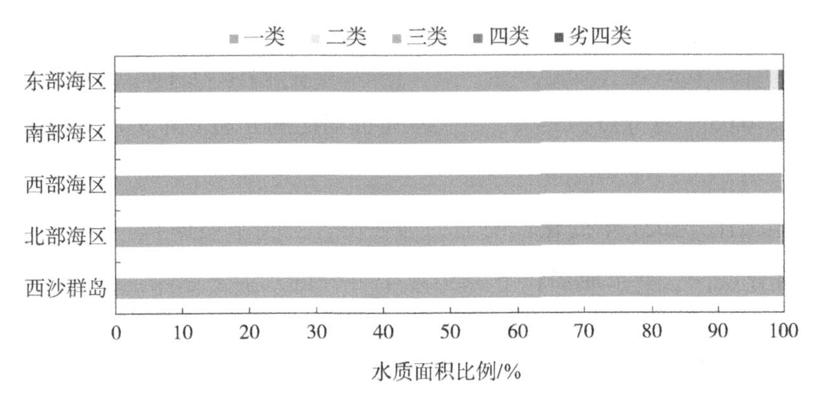

图 2-6-3 2021 年海南省各海区近岸海域水质状况

（三）沿海市县水质状况

2021 年，海南省 13 个沿海市县水质均为优。万宁、文昌、琼海、三亚 4 个市县近岸海域优良水质面积比例为 98.93%～99.92%，其余 9 个市县优良水质面积比例均为 100%。其中，三沙、陵水、乐东、东方、昌江、临高、澄迈 7 个市县均为一类海水水质。

水质出现劣于二类的市县为万宁、文昌、琼海、三亚，主要出现在万宁小海、文昌清澜湾、琼海潭门渔港、三亚榆林港近岸海域（图 2-6-4）。

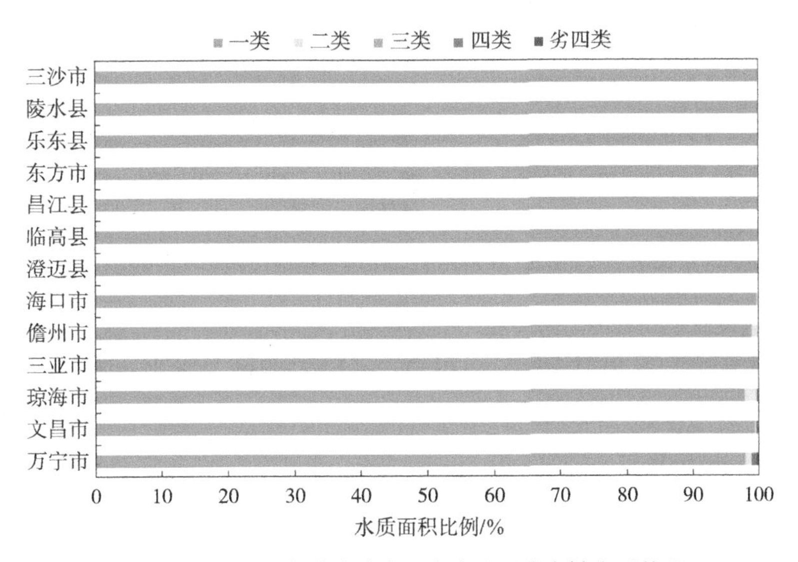

图 2-6-4 2021 年海南省各沿海市县近岸海域水质状况

三、近岸海域水质年度对比分析

与 2020 年相比，2021 年海南省近岸海域海水水质稳定为优。其中，优良水质面积比例下降 0.11 个百分点，一类、四类、劣四类水质面积比例分别上升 8.93 个百分点、0.13 个百分点、0.05 个百分点，二类、三类水质面积比例分别下降 9.04 个百分点、0.07 个百分点。

与 2020 年相比，2021 年变化较明显的为一类、二类水质面积。一类水质面积比例上升 8.93 个百分点，二类水质面积下降 9.04 个百分点，主要原因是 2020 年夏季部分海域水体溶解氧含量为二类，2021 年夏季为一类。2021 年夏季较 2020 年同期水体溶解氧由二类好转为一类的点位有 21 个，分别为海口的天尾角、铺前湾、桂林洋，三亚的梅山镇近岸、三亚港、西岛，儋州的兵马角、洋浦鼻、头东村养殖区、洋浦港，琼海的博鳌湾东，澄迈的桥头金牌、澄迈湾，临高的新盈渔港，文昌的八门湾度假旅游区，万宁的石门港东，陵水的黎安港、陵水湾，昌江的昌江核电，东方的八所化肥厂、昌江近岸（图 2-6-5）。

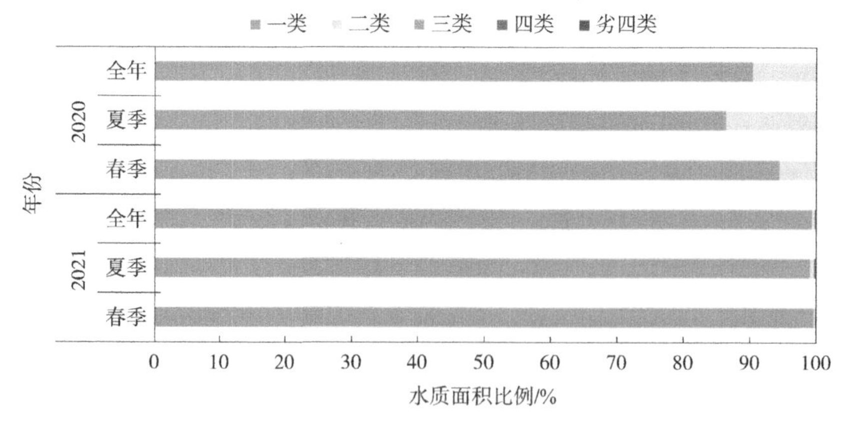

图 2-6-5　2021 年海南省近岸海域水质同比变化情况

四、近岸海域水质年际（2016—2021 年）变化趋势分析

（一）水质年际变化趋势分析

2016—2021 年，海南省近岸海域海水水质稳定为优，各年度优良水质面积比例均保持在 99.00% 以上。其中，2018 年、2019 年优良水质面积比例相对较低，分别为 99.40%、

99.04%，其余年份保持在99.80%上下。劣四类水质面积比例呈先上升后下降的趋势，2018—2021年度均出现劣四类水质，水质面积比例波动下降。

与2016年相比，2021年海南省近岸海域水质保持为优，优良水质面积比例下降0.11个百分点，劣四类水质面积比例上升0.07个百分点（图2-6-6和图2-6-7）。

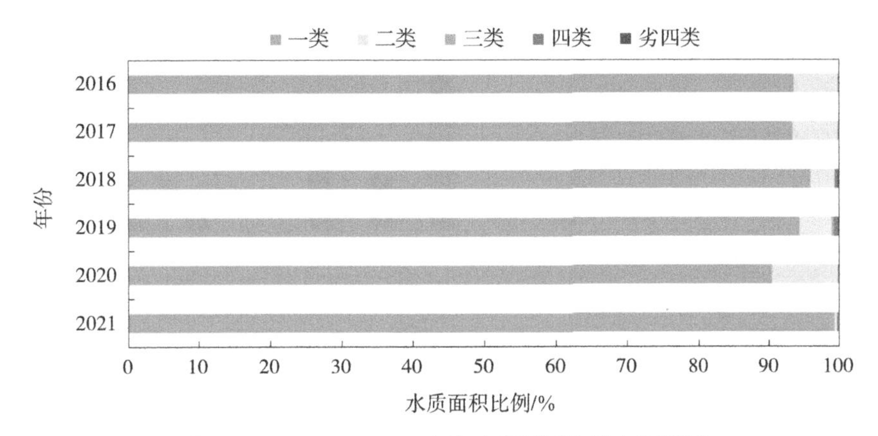

图2-6-6　2016—2021年海南省近岸海域水质状况

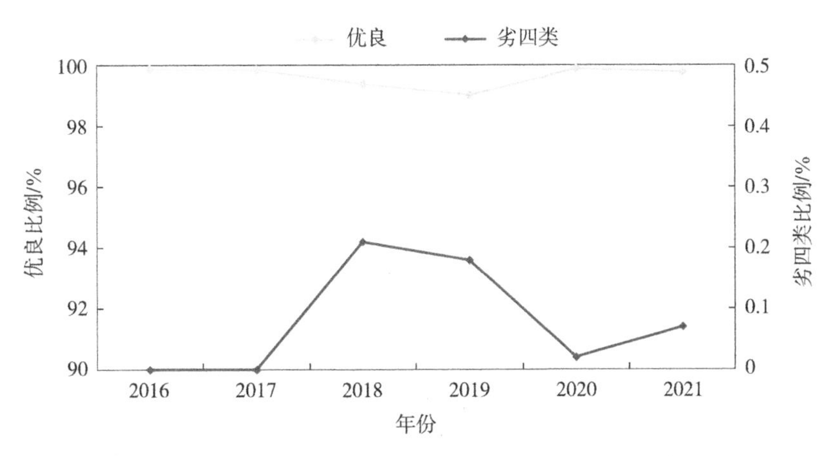

图2-6-7　2016—2021年海南省近岸海域水质比例变化

（二）超标指标年际变化趋势分析

2016—2021年，海南省近岸海域海水水质超标指标主要为活性磷酸盐、化学需氧量、无机氮。

1. 活性磷酸盐

2016—2021年中2016年春季、2016年夏季、2017年春季、2020年春季近岸海域活性磷酸盐含量未出现超标现象，其余超标的各年份各季节中，活性磷酸盐超标率为 0.9%～8.0%，最高值出现在 2018 年夏季，最大超标倍数出现在 2018 年夏季万宁小海监测点位（图 2-6-8）。

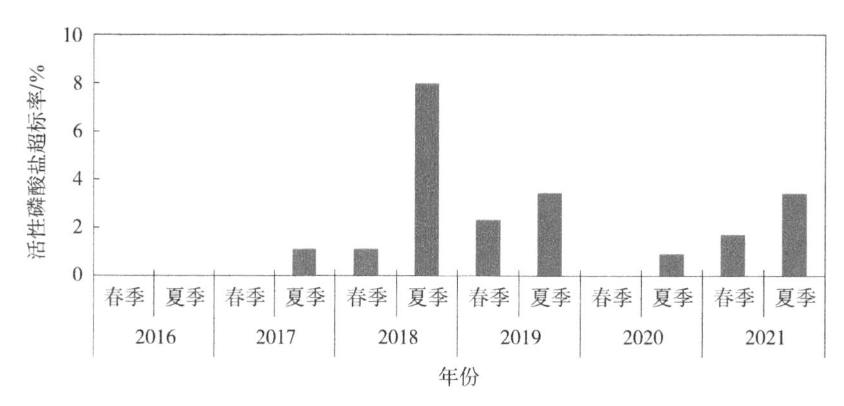

图 2-6-8　2016—2021 年海南省近岸海域活性磷酸盐超标率变化

2. 化学需氧量

2016—2021 年中 2016 年春季、2016 年夏季、2017 年春季、2020 年春季、2021 年夏季近岸海域化学需氧量含量未出现超标现象，其余超标的各年份各季节中，化学需氧量超标率为 0.9%～3.4%，最高值出现在 2018 年夏季至 2019 年夏季，最大超标倍数出现在 2021 年春季万宁小海监测点位（图 2-6-9）。

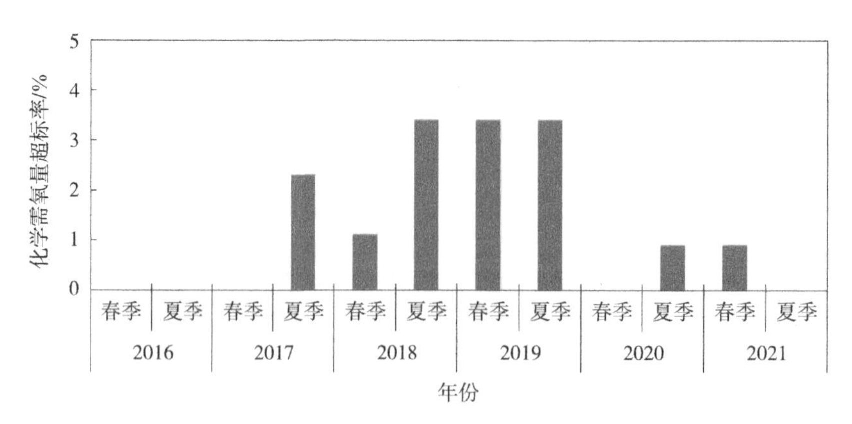

图 2-6-9　2016—2021 年海南省近岸海域化学需氧量超标率变化

3. 无机氮

2016—2021 年中 2016 年春季、2017 年春季、2018 年春季、2019 年夏季、2020 年夏季、2021 年春季近岸海域无机氮含量未出现超标现象，其余超标的各年份各季节中，无机氮超标率为 0.9%～3.4%，最高值出现在 2017 年夏季和 2018 年夏季，最大超标倍数出现在 2018 年夏季三亚榆林港监测点位（图 2-6-10）。

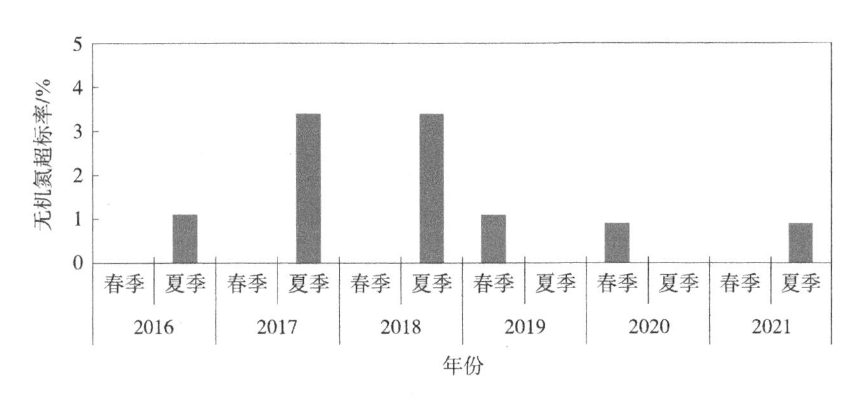

图 2-6-10　2016—2021 年海南省近岸海域春、夏季无机氮超标率变化

（三）富营养化年际变化趋势分析

2016—2021 年，海南省近岸海域富营养化状态的海域面积呈波动下降趋势，呈富营养化状态的海域面积为 15.8～173.3 km^2，富营养化海域面积最大值出现在 2017 年，最小值出现在 2020 年。另外，2016 年、2017 年未出现重度富营养化海域，其余年度出现重度污染的海域面积为 3.6～27.7 km^2。2016—2021 年，出现富营养化状态的海域主要分布在万宁小海、文昌清澜湾、三亚榆林港近岸海域。

与 2016 年相比，2021 年海南省近岸海域呈富营养化状态的海域面积下降 49.6 km^2（图 2-6-11）。

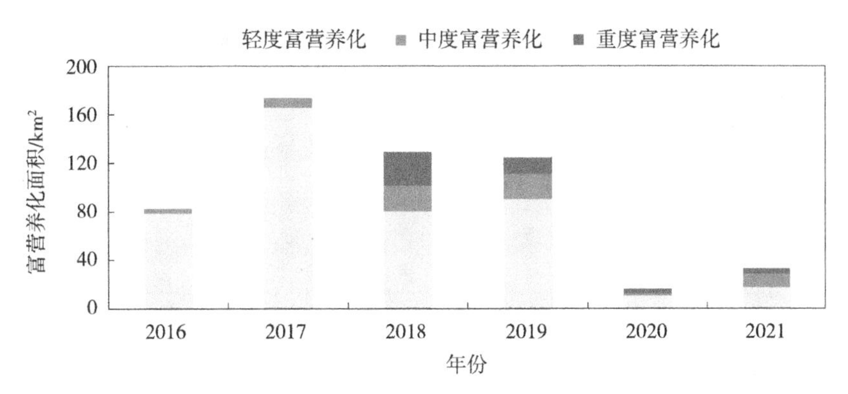

图 2-6-11　2016—2021 年海南省近岸海域呈富营养化面积变化

第二节　海水浴场

一、海水浴场水质现状

2021 年 6—9 月，海口假日海滩、三亚大东海、三亚亚龙湾 3 个国家重点海水浴场年度综合评价等级均为优，3 个海水浴场水质等级为优的天数比例均为 100%，健康风险等级均为优，海水浴场环境对游泳者健康产生的潜在危害低。

海口假日海滩的游泳适宜度以较适宜游泳为主，其中适宜游泳、较适宜游泳、不适宜游泳的天数比例分别为 5.6%、72.2%、22.2%，较适宜游泳与不适宜游泳的主要原因是水温偏高。

三亚大东海的游泳适宜度以较适宜游泳为主，其中适宜游泳、较适宜游泳的天数比例分别为 16.7%、83.3%，较适宜游泳的主要原因是水温偏高。

三亚亚龙湾的游泳适宜度以较适宜游泳为主，其中适宜游泳、较适宜游泳的天数比例分别为 11.1%、88.9%，较适宜游泳的主要原因是水温偏高。

二、海水浴场水质年际（2016—2021 年）变化趋势分析

2016—2021 年，海口假日海滩海水浴场、三亚大东海、三亚亚龙湾海水浴场水质状况等级为优良的天数比例均达 100%，基本保持稳定（图 2-6-12）。

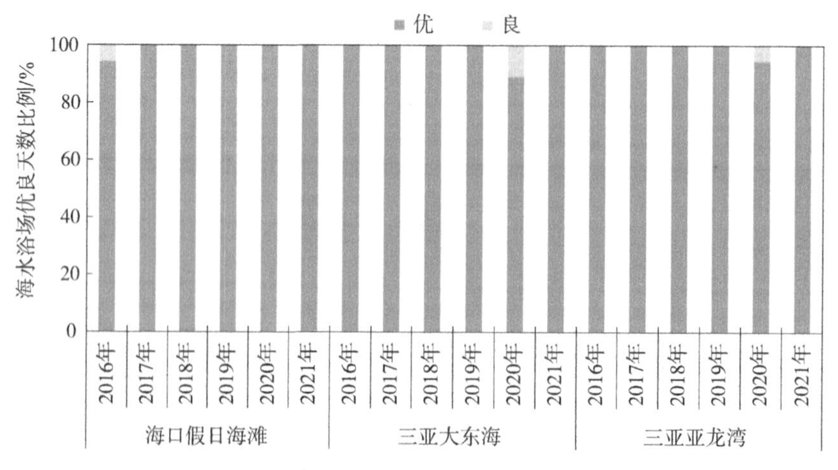

图 2-6-12　2016—2021 年海南省国家重点海水浴场水质变化

第三节 典型海洋生态系统

一、典型海洋生态系统现状

2021 年，西沙群岛、海南岛东海岸珊瑚礁生态系统均处于健康状态，生物多样性及生态系统结构基本稳定，人为活动所产生的生态压力在生态系统的承载力范围之内；海南岛东海岸海草床生态系统处于亚健康状态，生态系统基本维持其自然属性，其主要服务功能尚能正常发挥，环境污染、人为破坏、资源的不合理利用等生态压力超出生态系统的承载能力。

（一）珊瑚礁生态系统

2021 年，西沙群岛、海南岛东海岸珊瑚礁生态系统均处于健康状态。

1. 西沙群岛珊瑚礁生态系统

（1）水环境质量

西沙群岛珊瑚礁监测海域水质为优，pH、活性磷酸盐、无机氮等监测指标均符合一类海水水质标准。pH 为 8.02～8.18，悬浮物含量为 4～7 mg/L，活性磷酸盐含量为 0.003～0.007 mg/L，无机氮含量为 0.005～0.016 mg/L，叶绿素 a 含量为 0.2～0.4 μg/L。

（2）生物质量

西沙群岛珊瑚礁监测海域采集到的生物样品均为鱼类。总汞含量为 0.008～0.155 mg/kg，镉含量为 0.001～0.008 mg/kg，铅含量为 0.027～0.078 mg/kg，砷含量为 0.023～0.346 mg/kg，石油烃含量为 0.3～9.1 mg/kg。

（3）栖息地状况

西沙群岛珊瑚礁栖息地处于健康状态。大型底栖藻类盖度平均值为 0.05%，活珊瑚覆盖度平均值为 22.1%，5 年内活珊瑚覆盖度上升 13.7 个百分点。

（4）生物群落状况

西沙群岛珊瑚礁监测海域共调查到造礁石珊瑚 12 科 38 属 150 种，常见种有澄黄滨珊瑚（*Porites lutea*）、多曲杯形珊瑚（*Pocillopora meandrina*）、佳丽鹿角珊瑚（*Acropora pulchra*）等；硬珊瑚补充量为 3.00～8.00 个 /m^2，平均值为 5.76 个 /m^2；珊瑚死亡率平均值为0.3%，5年内珊瑚死亡率上升0.3个百分点；珊瑚礁鱼类密度平均值为146.71尾/百m^2，5年内珊瑚礁鱼类密度上升81.5%。

西沙群岛珊瑚礁监测海域共调查到浮游植物300种（含变种和变型），隶属5门87属；浮游动物84种，分属于8个类群，包含阶段性浮游幼体15类。浮游植物、浮游动物的平均生物多样性指数分别为3.18和3.09。

2. 海南岛东海岸珊瑚礁生态系统

（1）水环境质量

海南岛东海岸珊瑚礁监测海域水质为优，pH、活性磷酸盐、无机氮等监测指标均符合一类海水水质标准。pH为8.12～8.23，悬浮物含量为5～8 mg/L，活性磷酸盐含量为0.001～0.010 mg/L，无机氮含量为0.001～0.126 mg/L，叶绿素a含量为0.3～2.3 μg/L。

（2）生物质量

海南岛东海岸珊瑚礁监测海域采集到的生物样品均为鱼类。总汞含量为0.007～0.113 mg/kg，镉含量为0.001～0.024 mg/kg，铅含量为0.027～0.089 mg/kg，砷含量为0.021～0.094 mg/kg，石油烃含量为0.2～9.8 mg/kg。

（3）栖息地状况

海南岛东海岸珊瑚礁栖息地总体处于健康状态，个别点位的大型藻类覆盖度较高。活珊瑚覆盖度平均值为16.3%，5年内活珊瑚覆盖度上升1.2个百分点。

（4）生物群落状况

海南岛东海岸珊瑚礁监测海域共调查到造礁石珊瑚14科33属137种，常见种有澄黄滨珊瑚（*Porites lutea*）、丛生盔形珊瑚（*Galaxea fascicularis*）、鹿角杯形珊瑚（*Pocillopora damicornis*）等；硬珊瑚补充量为0.00～7.00个/m^2，平均值为2.80个/m^2；珊瑚死亡率平均值为0.2%，5年内珊瑚死亡率下降0.2个百分点；珊瑚礁鱼类密度平均值为43.30尾/百m^2，5年内珊瑚礁鱼类密度上升5%。

海南岛东海岸珊瑚礁监测海域共调查到浮游植物390种（含变种和变型），隶属5门98属；浮游动物63种，分属于10个类群，包含阶段性浮游幼体12类。浮游植物、浮游动物的平均生物多样性指数分别为2.76和1.76。

3. 海南岛西海岸珊瑚礁生态系统

（1）水环境质量

海南岛西海岸珊瑚礁监测海域水质为优，pH、活性磷酸盐、无机氮等监测指标均符合一类海水水质标准。pH为8.13～8.22，悬浮物含量为6～8 mg/L，活性磷酸盐含量为

0.001～0.009 mg/L，无机氮含量为 0.007～0.034 mg/L，叶绿素 a 含量为 0.2～2.7 μg/L。

（2）生物质量

海南岛西海岸珊瑚礁监测海域采集到的生物样品均为鱼类。总汞含量为 0.007～0.090 mg/kg，镉含量为未检出～0.007 mg/kg，铅含量为 0.023～0.063 mg/kg，砷含量为 0.014～0.101 mg/kg，石油烃含量为未检出～6.7 mg/kg。

（3）栖息地状况

海南岛西海岸珊瑚礁栖息地处于健康状态，活珊瑚覆盖度平均值为 12.3%。

（4）生物群落状况

海南岛西海岸监测海域共调查到造礁石珊瑚 9 科 20 属 62 种，常见种有丛生盔形珊瑚（*Galaxea fascicularis*）、澄黄滨珊瑚（*Porites lutea*）、角孔珊瑚（*Goniopora fruticosa*）等；硬珊瑚补充量为 2.00～5.00 个 /m^2，平均值为 3.27 个 /m^2；珊瑚死亡率平均值为 0.5%；珊瑚礁鱼类密度平均值为 108.20 尾 / 百 m^2。

海南岛西海岸监测海域共调查到浮游植物 283 种（含变种和变型），隶属 5 门 90 属；浮游动物 32 种，分属于 10 个类群，包含阶段性浮游幼体 12 类。浮游植物、浮游动物的平均生物多样性指数分别为 3.27 和 1.45。

（二）海草床生态系统

2021 年，海南岛东海岸海草床生态系统均处于亚健康状态。

1. 海南岛东海岸海草床生态系统

（1）水环境质量

海南岛东海岸海草床监测海域水质为优，无机氮、活性磷酸盐等监测指标均符合一类海水水质标准。透光率为 11.3%～37.0%，盐度为 33.2‰～35.2‰，悬浮物含量为 6～8 mg/L，活性磷酸盐含量为未检出～0.018 mg/L，无机氮含量为 0.005～0.033 mg/L。

（2）沉积物质量

海南岛东海岸海草床监测海域海洋沉积物质量为良好。有机碳含量为 0.17%～0.38%，硫化物含量为 0.08～222 mg/kg。

（3）生物质量

海南岛东海岸海草床监测海域采集到的生物样品均为鱼类。总汞含量为 0.007～0.113 mg/kg，镉含量为未检出～0.024 mg/kg，铅含量为 0.027～0.089 mg/kg，砷含量为 0.021～0.094 mg/kg，石油烃含量为 0.2～9.8 mg/kg。

（4）栖息地状况

海南岛东海岸海草床监测海域砂含量均值为78.1%，砾含量均值为17.5%；粉砂含量均值为3.7%，黏土含量均值为0.8%，表明东海岸海草床粒组含量以砂为主要组分。

（5）生物群落状况

海南岛东海岸监测海域共调查到海草2科4属4种，分别为单脉二药草（*Halodule uninervis*）、海菖蒲（*Enhalus acoroides*）、泰来草（*Thalassia hemprichii*）、卵叶喜盐草（*Halophila ovalis*）。海草平均覆盖度为32.4%，海草密度为78.9～1 474.6株/m^2，海草生物量为11.5～506.9 g/m^2。

海南岛东海岸海草床监测海域共调查到底栖动物16种，其中软体类动物9种、甲壳类动物3种、棘皮类动物3种、刺胞类动物1种。

海南岛东海岸监测海域共调查到浮游植物289种（含变种和变型），隶属6门86属；浮游动物27种，分属于6个类群，包含阶段性浮游幼体11类。浮游植物、浮游动物的平均生物多样性指数分别为2.14和1.14。

2. 海南岛西海岸海草床生态系统

（1）水环境质量

海南岛西海岸海草床监测海域水质一般。透光率为6.5%～25.0%，盐度为15.0‰～32.8‰，悬浮物含量为7～9 mg/L，活性磷酸盐含量为0.001～0.010 mg/L，无机氮含量为0.004～0.483 mg/L。

（2）沉积物质量

海南岛西海岸海草床监测海域海洋沉积物质量良好。有机碳含量为0.11%～0.63%，硫化物含量为5.89～167 mg/kg。

（3）生物质量

海南岛西海岸海草床监测海域采集到的生物样品均为鱼类。总汞含量为0.007～0.049 mg/kg，镉含量范围为未检出～0.003 mg/kg，铅含量为0.025～0.063 mg/kg，砷含量为0.015～0.083 mg/kg，石油烃含量为0.4～4.9 mg/kg。

（4）栖息地状况

海南岛西海岸海草床监测海域砂含量均值为67.4%，砾含量均值为17.2%，粉砂含量均值为12.7%，表明西海岸海草床粒组含量以砂为主要组分。

（5）生物群落状况

海南岛西海岸海草床监测海域共调查到海草2科2属3种，分别为单脉二药草

（*Halodule uninervis*）、卵叶喜盐草（*Halophila ovalis*）、贝克喜盐草（*Halophila beccarii*）。海草平均覆盖度为31.1%，海草密度为4 366.2～4 437.3株/m^2，海草生物量为9.7～40.4 g/m^2。

海南岛西海岸海草床监测海域共调查到底栖动物9种，其中腹足纲动物3种、双壳纲动物6种。

海南岛西海岸海草床监测海域共调查到浮游植物220种（含变种和变型），隶属6门77属；浮游动物22种，分属于4个类群，其中阶段性浮游幼体5类。浮游植物、浮游动物的平均生物多样性指数分别为2.68和1.19。

（三）红树林生态系统

1. 海南东寨港国家级自然保护区

海南东寨港国家级自然保护区监测区域共调查到红树3科7种，分别为白骨壤（*Avicennia marina*）、角果木（*Ceriops tagal*）、海莲（*Bruguiera sexangula*）、尖瓣海莲（*Bruguiera sexangula* var. *rhynchopetala*）、木榄（*Bruguiera gymnorhiza*）、桐花（*Talipariti tiliaceum*）、红海榄（*Rhizophora stylosa*）。红树植物平均株高为3.81 m，尖瓣海莲平均株高最高，角果木平均株高最低。红树植物平均胸径为4.96 cm，尖瓣海莲平均胸径最大，白骨壤平均胸径最小。红树植株平均密度为2.93株/m^2，角果木植株密度最大，为10.00株/m^2；海莲植株密度最小，为0.47株/m^2。

海南东寨港国家级自然保护区监测区域内调查到红树林林下大型底栖生物有节肢动物和软体动物两大门类，共计12种。其中节肢动物的栖息密度为24～60个/m^2，生物量为51.36～130.12 g/m^2；软体动物的栖息密度为8～44个/m^2，生物量为23.76～72.91 g/m^2。优势物种为弧边招潮（*Uca arcuata*）。

2. 临高新盈红树林分布区

临高新盈红树林分布区监测区域共调查到红树5科6种，分别为白骨壤（*Avicennia marina*）、红海榄（*Rhizophora stylosa*）、桐花（*Talipariti tiliaceum*）、木榄（*Bruguiera gymnorhiza*）、海漆（*Excoecaria agallocha*）、榄李（*Lumnitzera racemosa*）。红树植物平均株高为2.75 m，木榄平均株高最高，白骨壤平均株高最低。红树植物平均胸径为5.70 cm，榄李平均胸径最大，桐花平均胸径最小。红树植株平均密度为0.34株/m^2，其中红海榄植株密度最大，为0.72株/m^2；白骨壤植株密度最小，为0.10株/m^2。

临高新盈红树林分布区监测区域调查到红树林林下大型底栖生物有节肢动物和软体

动物两大门类，共计 13 种。节肢动物的栖息密度为 28～52 个 $/m^2$，生物量为 82.08～133.32 g/m^2；软体动物的栖息密度为 8～192 个 $/m^2$，生物量为 18.20～177.44 g/m^2。优势种为核冠耳螺（*Cassidula nucleus*）、弧边招潮（*Uca arcuata*）。

二、典型海洋生态系统年际（2016—2021 年）变化趋势分析

（一）珊瑚礁生态系统年际变化趋势分析

1. 西沙群岛珊瑚礁生态系统年际变化

（1）活珊瑚覆盖度年际变化

2016—2021 年，西沙群岛珊瑚礁监测海域活珊瑚有缓慢恢复的迹象，活珊瑚平均覆盖度基本呈上升趋势，由 2016 年的 5.5% 上升到 2019 年的 13.0%，2020 年上升幅度增大，达到了 23.5%，2021 年活珊瑚平均覆盖度为 22.1%，同比略有下降，但仍保持在 20.0% 以上，可见活珊瑚平均覆盖度已趋于稳定。

与 2016 年相比，2021 年西沙群岛活珊瑚平均覆盖度上升 16.6 个百分点（图 2-6-13）。

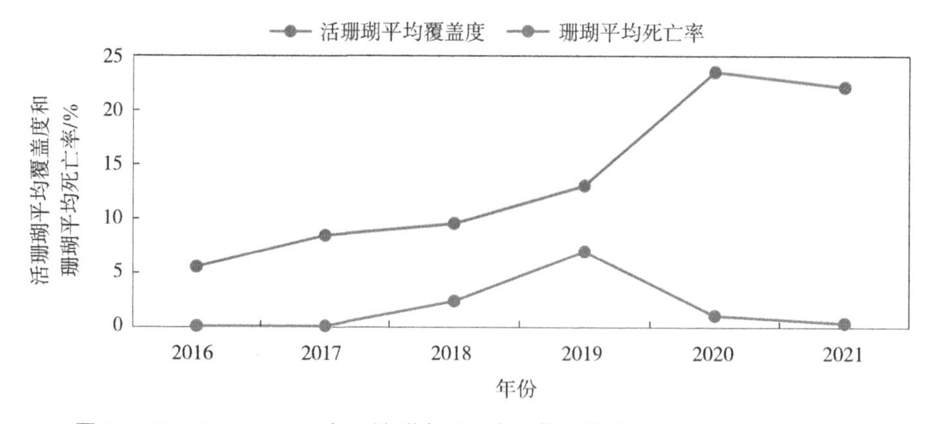

图 2-6-13　2016—2021 年西沙群岛活珊瑚平均覆盖度和珊瑚平均死亡率变化

（2）珊瑚死亡率年际变化

2016—2021 年，西沙群岛珊瑚礁监测海域珊瑚平均死亡率波动较大，2017 年之前珊瑚平均死亡率均为 0，2017—2019 年逐年上升至 6.9%，2020—2021 年又逐年下降至 0.3%。

与 2016 年相比，2021 年西沙群岛珊瑚礁珊瑚平均死亡率上升了 0.3 个百分点（图 2-6-13）。

（3）硬珊瑚补充量年际变化

2016—2021 年，西沙群岛珊瑚礁监测海域硬珊瑚平均补充量呈逐年上升趋势。2016—2018 年的硬珊瑚平均补充量均不超过 1.00 个 /m^2，从 2019 年开始逐年上升，由 2019 年的 3.41 个 /m^2 上升至 2021 年的 5.76 个 /m^2。

与 2016 年相比，2021 年西沙群岛硬珊瑚平均补充量上升 5.61 个 /m^2（图 2-6-14）。

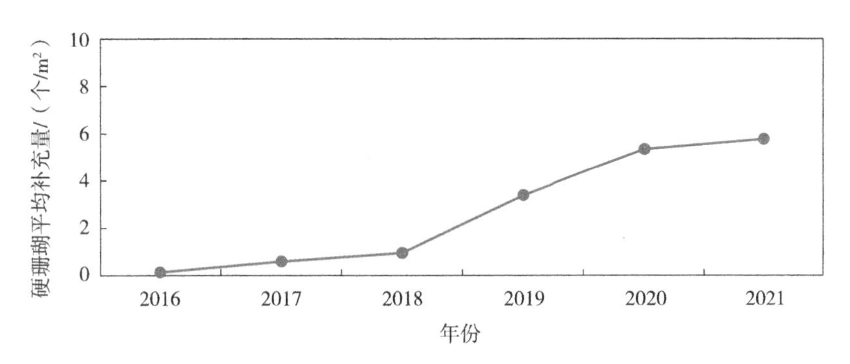

图 2-6-14　2016—2021 年西沙群岛硬珊瑚平均补充量变化

（4）珊瑚礁鱼类年际变化

2016—2021 年，西沙群岛珊瑚礁监测海域珊瑚礁鱼类平均密度先降后升，最低值出现在 2018 年的 66.57 尾 / 百 m^2，近年来逐年上升到 146.71 尾 / 百 m^2。

与 2016 年相比，2021 年西沙群岛珊瑚礁鱼类平均密度上升 46.56 尾 / 百 m^2（图 2-6-15）。

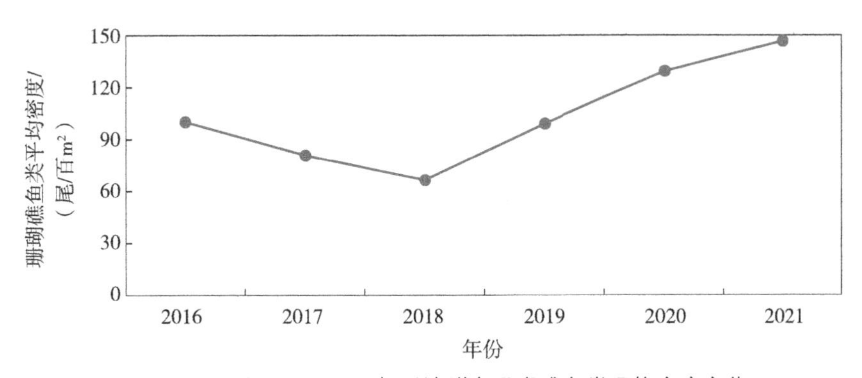

图 2-6-15　2016—2021 年西沙群岛珊瑚礁鱼类平均密度变化

2. 海南岛东海岸珊瑚礁生态系统年际变化

（1）活珊瑚覆盖度年际变化

2016—2021 年，海南岛东海岸珊瑚礁监测海域活珊瑚平均覆盖度相对来说较为稳定，在一定范围内有小幅度的波动。先是由 2016 年的 15.4% 下降到 2018 年的 12.9%，到 2019 年有所上升，从 2019 年的 14.8% 上升到 2020 年的 18.0%，而 2021 年又小幅下降至 16.3%。

与 2016 年相比，2021 年海南岛东海岸活珊瑚平均覆盖度上升 0.9 个百分点（图 2-6-16）。

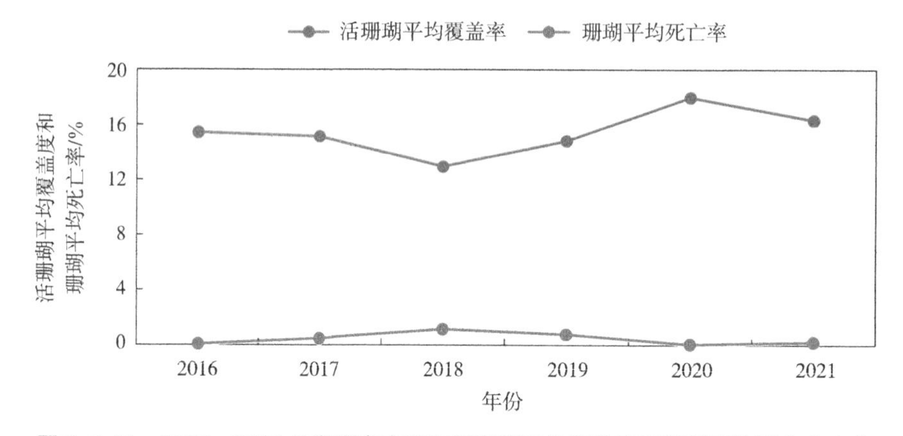

图 2-6-16　2016—2021 年海南岛东海岸活珊瑚平均覆盖度和珊瑚平均死亡率变化

（2）珊瑚死亡率年际变化

2016—2021 年，海南岛东海岸珊瑚礁监测海域珊瑚平均死亡率变化幅度同样相对较小。2016—2018 年从 0 逐年上升至 1.1%，2018—2020 年逐年下降至 0，2021 年略微上升至 0.2%。

与 2016 年相比，2021 年海南岛东海岸珊瑚平均死亡率上升 0.2 个百分点（图 2-6-16）。

（3）硬珊瑚补充量年际变化

2016—2021 年，海南岛东海岸珊瑚礁监测海域硬珊瑚平均补充量呈现先降后升的趋势，由 2016 年的 0.97 个 $/m^2$ 下降至 2018 年的 0.64 个 $/m^2$，再逐年上升到 2021 年的 2.80 个 $/m^2$。

与 2016 年相比，2021 年海南岛东海岸硬珊瑚平均补充量上升 1.83 个 $/m^2$（图 2-6-17）。

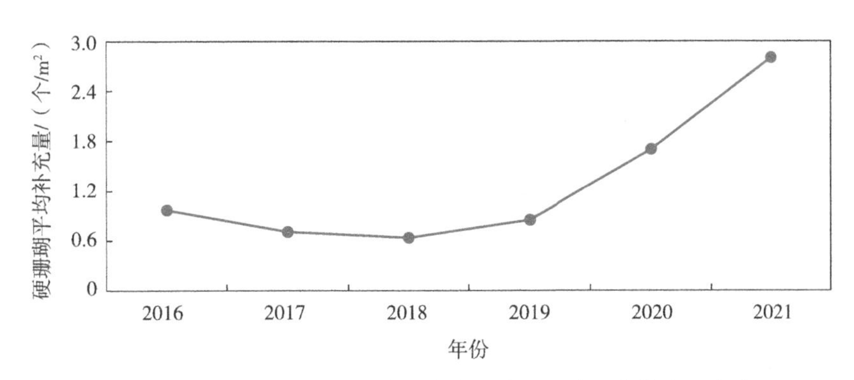

图 2-6-17 2016—2021 年海南岛东海岸硬珊瑚平均补充量变化

（4）珊瑚礁鱼类年际变化

2016—2021 年，海南岛东海岸珊瑚礁监测海域珊瑚礁鱼类平均密度波动较大，由 2016 年的 62.78 尾 / 百 m^2 下降至 2018 年的 31.70 尾 / 百 m^2，2019 年有所上升，达到 52.85 尾 / 百 m^2，2020 年下降至 39.80 尾 / 百 m^2，2021 年又上升至 43.30 尾 / 百 m^2。

与 2016 年相比，2021 年珊瑚礁鱼类平均密度下降 19.48 尾 / 百 m^2，下降幅度较大（图 2-6-18）。

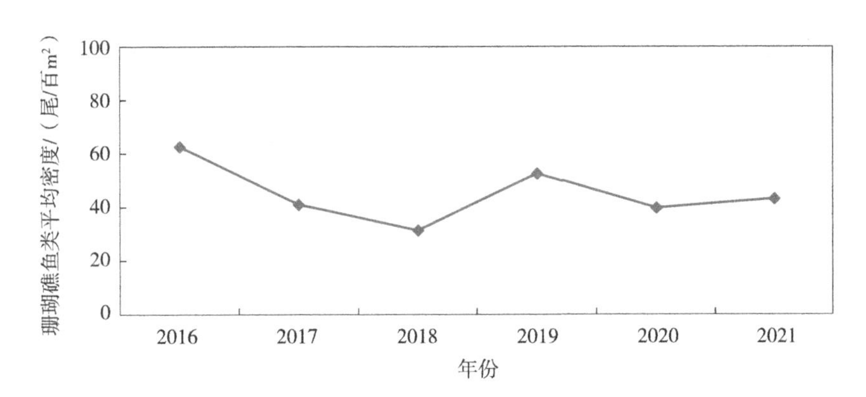

图 2-6-18 2016—2021 年海南岛东海岸珊瑚礁鱼类平均密度变化

3. 海南岛西海岸珊瑚礁生态系统年际变化[①]

（1）活珊瑚覆盖度年际变化

2018—2021 年，海南岛西海岸珊瑚礁监测海域活珊瑚平均覆盖度呈现先升后降的趋势，由 2018 年的 8.2% 逐年上升到 2020 年的 13.2%，2021 年下降至 12.3%。

与 2018 年相比，2021 年海南岛西海岸活珊瑚平均覆盖度上升 4.1 个百分点（图 2-6-19）。

① 由于 2016—2017 年无海南岛西海岸珊瑚礁生态系统相关监测数据，故年际变化从 2018 年开始分析。

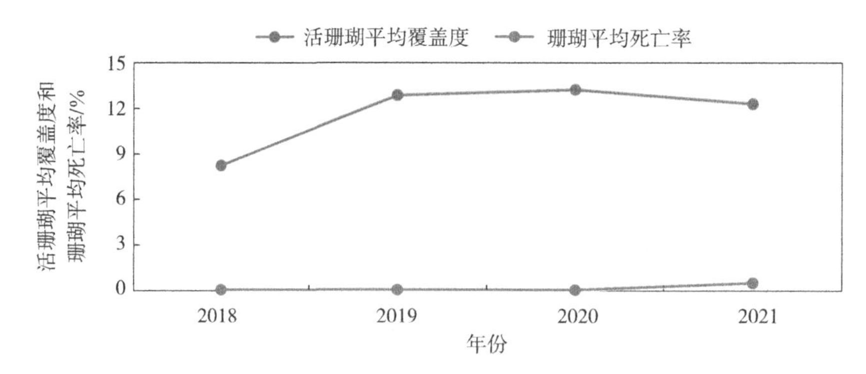

图 2-6-19 2018—2021 年海南岛西海岸活珊瑚平均覆盖度和珊瑚平均死亡率变化

（2）珊瑚死亡率年际变化

2018—2021 年，海南岛西海岸珊瑚礁监测海域珊瑚平均死亡率历年来较低，2018—2020 年的珊瑚平均死亡率均为 0，2021 年小幅上升至 0.5%。

与 2018 年相比，2021 年海南岛西海岸珊瑚平均死亡率上升 0.5 个百分点。

（3）硬珊瑚补充量年际变化

2018—2021 年，海南岛西海岸珊瑚礁监测海域硬珊瑚平均补充量逐年上升，由 2018 年的 0.66 个 /m^2 逐年上升至 2021 年的 3.27 个 /m^2。

与 2018 年相比，2021 年海南岛西海岸硬珊瑚平均补充量上升 2.61 个 /m^2（图 2-6-20）。

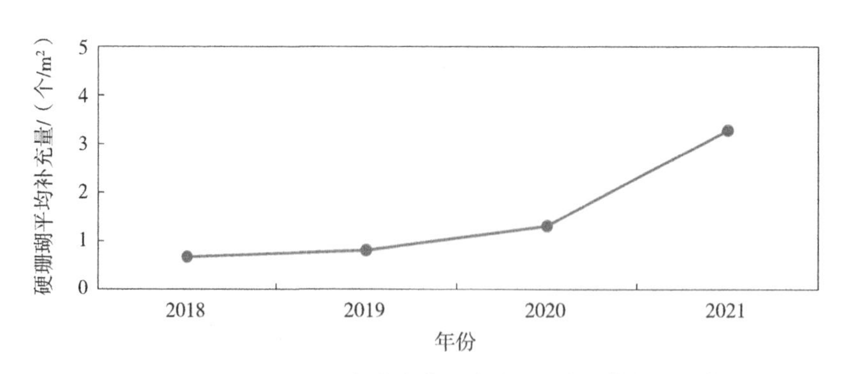

图 2-6-20 2018—2021 年海南岛西海岸硬珊瑚平均补充量变化

（4）珊瑚礁鱼类年际变化

2018—2021 年，海南岛西海岸珊瑚礁监测海域珊瑚礁鱼类平均密度波动上升，由 2018 年的 15.10 尾 / 百 m^2 上升至 2019 年的 39.83 尾 / 百 m^2，2020 年下降至 10.80 尾 / 百 m^2，2021 年大幅度上升至 108.20 尾 / 百 m^2。

与 2018 年相比，2021 年珊瑚礁鱼类平均密度上升 93.10 尾 / 百 m^2（图 2-6-21）。

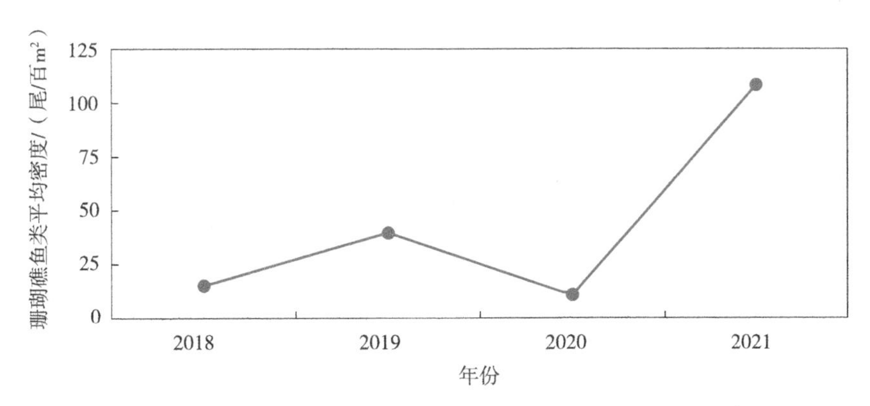

图 2-6-21 2018—2021 年海南岛西海岸珊瑚礁鱼类平均密度变化

（二）海草床生态系统年际变化趋势分析

1. 海草平均覆盖度年际变化

2016—2021 年，海南岛东海岸海草平均覆盖度呈先下降后上升的趋势，2016—2020 年逐年下降至 16.0%，2021 年明显上升至 32.4%，呈现恢复趋势。

与 2016 年相比，2021 年海南岛东海岸海草平均覆盖度上升 6.5 个百分点（图 2-6-22）。

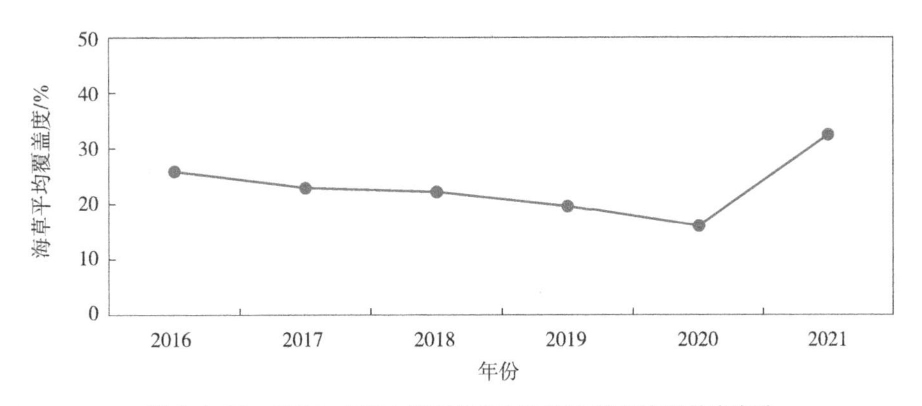

图 2-6-22 2016—2021 年海南岛东海岸海草平均覆盖度变化

2. 海草平均密度年际变化

2016—2021 年，海南岛东海岸海草平均密度呈现逐年下降趋势，由 2016 年的 1 369.2 株 /m^2 下降至 2021 年的 251.8 株 /m^2。

与 2016 年相比，2021 年海南岛东海岸海草平均密度下降 1 117.4 株 /m^2（图 2-6-23）。

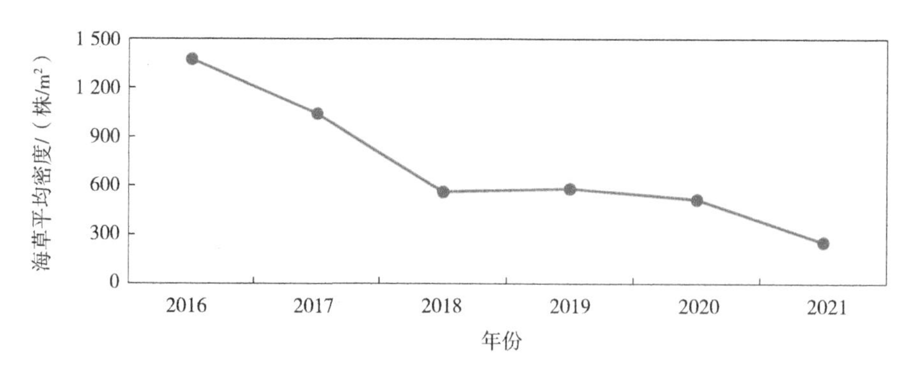

图 2-6-23　2016—2021 年海南岛东海岸海草平均密度变化

3. 海草平均生物量年际变化

2016—2021 年，海南岛东海岸海草平均生物量呈波动下降趋势。2016—2020 年海草平均生物量呈下降趋势，2021 年略有上升。

与 2016 年相比，2021 年海南岛东海岸海草平均生物量下降 508.8 g/m^2（图 2-6-24）。

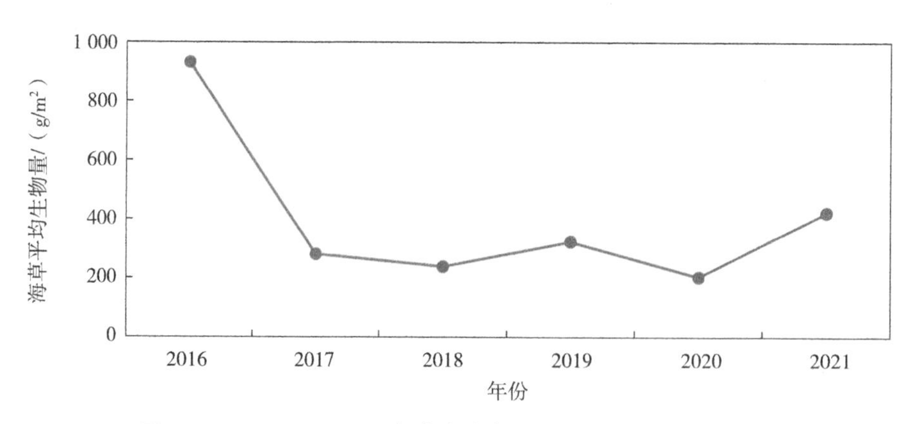

图 2-6-24　2016—2021 年海南岛东海岸海草平均生物量变化

第四节　海洋垃圾及微塑料

一、海洋垃圾及微塑料现状

2021 年，三亚湾、海口湾、博鳌湾、洋浦湾海面漂浮垃圾平均个数为 2 494 个 /km^2，海滩垃圾平均个数为 232 084 个 /km^2，海底垃圾平均个数为 4 304 个 /km^2。南渡江、昌化江、万泉河入海口表层海水中微塑料平均密度为 0.42～0.47 个 /m^3。

（一）海洋垃圾

1. 海面漂浮垃圾

2021年，三亚湾、海口湾、博鳌湾、洋浦湾监测区域表层水体拖网漂浮垃圾平均个数为2 494个/km²。采集到的中小块及中块垃圾碎片中塑料类垃圾数量最多，占比为95.7%；其次为纸质类，占比为4.3%。塑料类垃圾来源于海上人类活动，主要为泡沫残渣、塑料碎片、渔线，未发现大块及特大块海面漂浮垃圾（图2-6-25）。

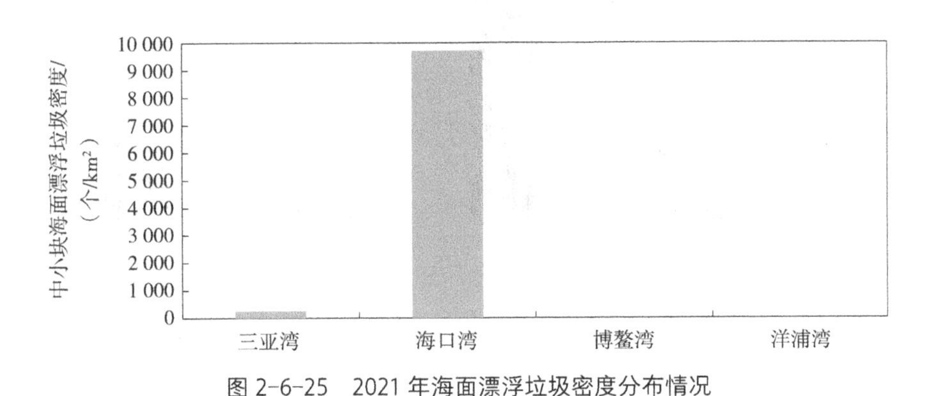

图2-6-25 2021年海面漂浮垃圾密度分布情况

2. 海滩垃圾

2021年，三亚湾、海口湾、博鳌湾、洋浦湾监测区域海滩垃圾平均个数为232 084个/km²。采集到的海滩垃圾中，塑料类垃圾数量最多，占比为78.4%；其次为玻璃类，占比为17.1%；金属类、纸质类、橡胶类、织物（布）类等也均有采集到。塑料类垃圾主要为塑料碎片、塑料瓶盖、泡沫、渔线（图2-6-26）。

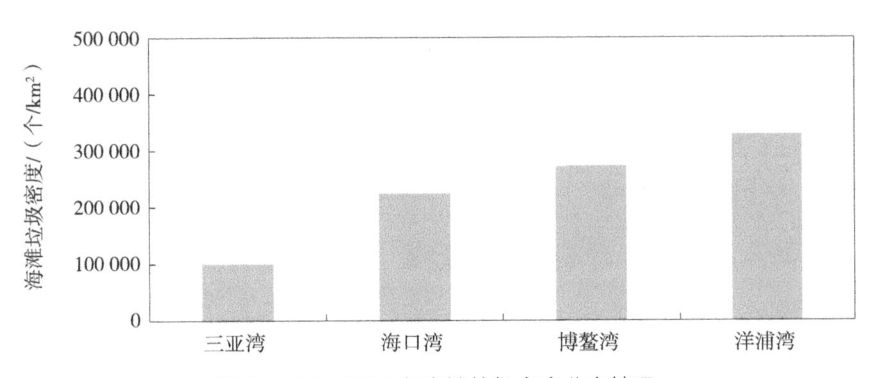

图2-6-26 2021年海滩垃圾密度分布情况

3. 海底垃圾

2021 年，三亚湾、海口湾、博鳌湾、洋浦湾监测区域海底垃圾平均个数为 4 304 个 /km^2。采集到的海底垃圾中，塑料类垃圾数量最多，占比为 83.3%；纸质类垃圾占比为 7.1%；金属类垃圾占比为 4.8%；玻璃类和木制品垃圾占比均为 2.4%。塑料类垃圾主要为塑料袋、渔线、食品包装袋（图 2-6-27）。

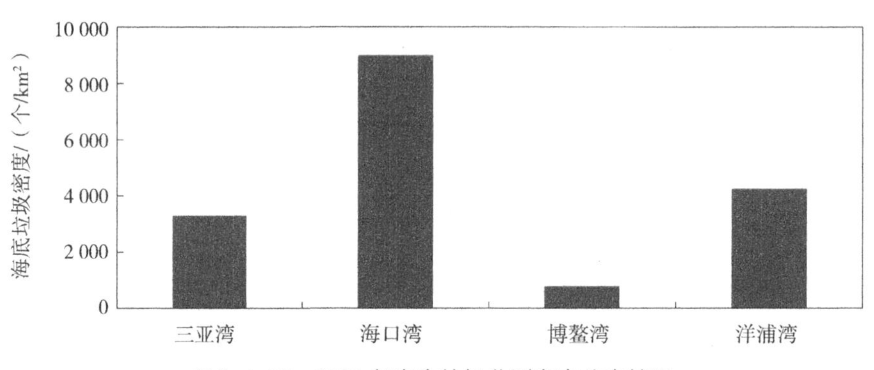

图 2-6-27　2021 年海底垃圾监测密度分布情况

（二）海洋微塑料

2021 年，南渡江入海口表层海水中微塑料平均丰度为 0.42 个 /m^3，鉴定到的微塑料有 9 种，主要成分为聚乙烯、聚丙烯、聚苯乙烯；昌化江入海口表层海水中微塑料平均丰度为 0.47 个 /m^3，鉴定到的微塑料有 11 种，主要成分为聚丙烯、聚乙烯、聚酯、聚苯乙烯；万泉河入海口表层海水中微塑料平均丰度为 0.42 个 /m^3，鉴定到的微塑料有 8 种，主要成分为聚丙烯、聚乙烯、聚酯。入海河口附近密度较高，随着离岸距离的增加，微塑料密度有所降低。微塑料颜色以白色和半透明居多，形态以纤维、碎片、颗粒、泡沫和薄膜为主。

二、海洋垃圾年际（2016—2021 年）变化趋势分析

（一）海面漂浮垃圾年际变化趋势分析

2016—2021 年，三亚湾海域海面漂浮垃圾大块、特大块漂浮垃圾与中小块漂浮垃圾均减少，垃圾类型以塑料类为主（图 2-6-28）。

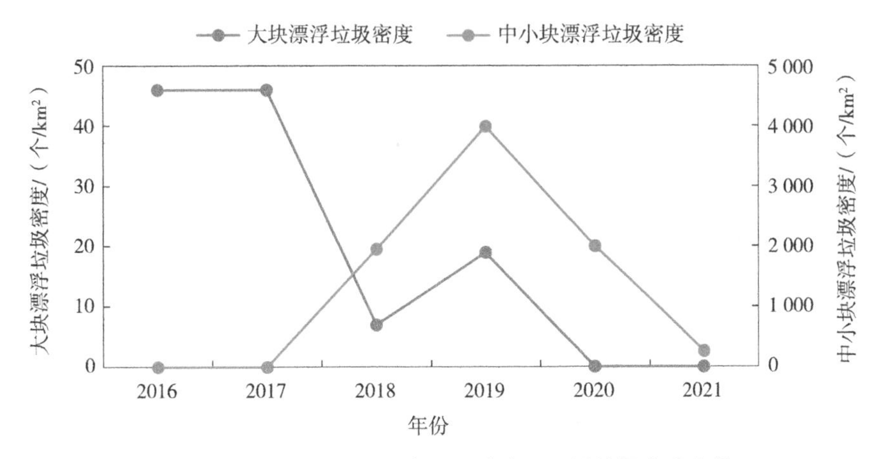

图 2-6-28　2016—2021 年三亚湾海面漂浮垃圾密度变化

（二）海滩垃圾年际变化趋势分析

2016—2021 年，三亚湾海域海滩垃圾密度呈现先上升后下降趋势。垃圾类型以塑料类和人造物品为主，来源主要是游客（图 2-6-29）。

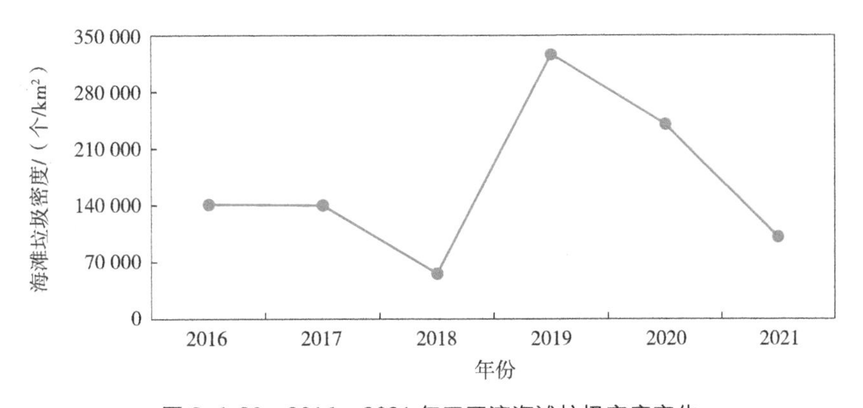

图 2-6-29　2016—2021 年三亚湾海滩垃圾密度变化

（三）海底垃圾年际变化趋势分析

2016—2021 年，三亚湾海域海底垃圾呈现先上升后下降趋势。垃圾类型以塑料袋、饮料瓶、渔网、渔线等塑料制品为主（图 2-6-30）。

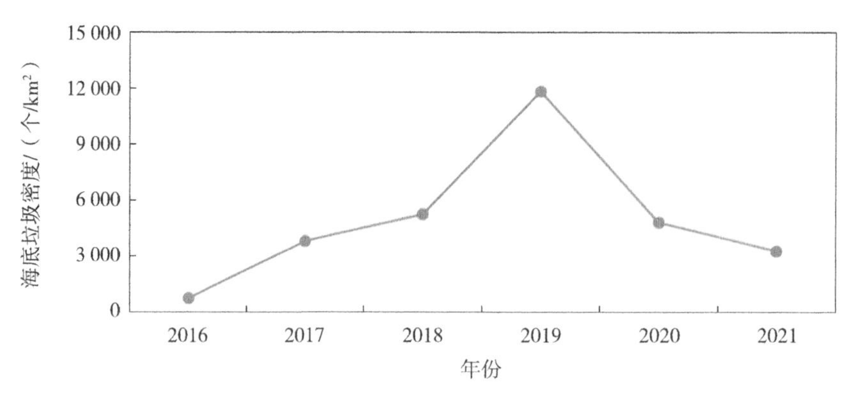

图 2-6-30　2016—2021 年三亚湾海底垃圾密度变化

第五节　重点港湾

一、重点港湾水质现状

（一）水质现状

2021 年，海南省 25 个“湾长制”重点港湾中，海口湾、铺前湾（东寨港）、三亚湾等 20 个重点港湾海水水质为优，海水水质为优的港湾比例为 80.0%，清澜湾、铁炉湾等 2 个重点港湾海水水质一般，潭门港湾海水水质为差，小海、老爷海等 2 个重点港湾海水水质极差。

（二）超标指标

2021 年，重点港湾水质超标指标为活性磷酸盐。活性磷酸盐含量范围为未检出～0.133 mg/L，小海、潭门港湾、清澜湾活性磷酸盐含量相对较高。

（三）达标情况

2021 年，20 个重点港湾达到“湾长制”目标水质要求，5 个重点港湾未达到目标水质要求，分别为老爷海、铁炉湾、潭门港湾、清澜湾、小海，点位达标率分别为 0、0、66.7%、75.0%、83.3%（图 2-6-31）。

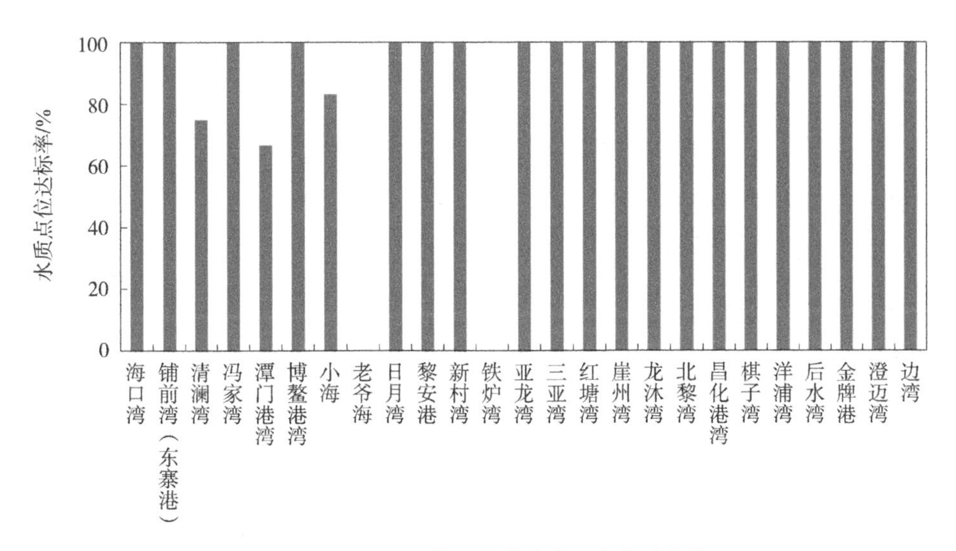

图 2-6-31 2021 年重点港湾水质点位达标率

二、重点港湾水质时空变化规律分析

（一）水质状况时空变化规律分析

2021 年上半年，海南省 25 个“湾长制”重点港湾中，海口湾、铺前湾（东寨港）、三亚湾等 19 个重点港湾海水水质为优，海水水质为优的港湾比例为 76.0%，新村湾、老爷海等 2 个重点港湾海水水质良好，清澜湾、铁炉湾等 2 个重点港湾海水水质一般，小海海水水质为差，潭门港湾海水水质极差。

2021 年下半年，海南省 25 个“湾长制”重点港湾中，海口湾、铺前湾（东寨港）、三亚湾等 20 个重点港湾海水水质为优，海水水质为优的港湾比例为 80.0%，新村湾海水水质良好，清澜湾、潭门港湾等 2 个重点港湾海水水质为差，小海、老爷海等 2 个重点港湾海水水质极差。

（二）超标指标时空变化规律分析

2021 年上半年，重点港湾水质主要超标指标为活性磷酸盐、化学需氧量、无机氮。2021 年下半年，重点港湾水质主要超标指标为活性磷酸盐、无机氮。

1. 活性磷酸盐

2021年上半年，活性磷酸盐含量为0.001～0.067 mg/L，小海、潭门港湾、清澜湾活性磷酸盐含量相对较高。

2021年下半年，活性磷酸盐含量范围为未检出～0.239 mg/L，小海、潭门港湾、清澜湾活性磷酸盐含量相对较高。

2021年下半年活性磷酸盐含量较上半年高，上半年、下半年含量均较高的重点港湾有小海、潭门港湾、清澜湾。

2. 无机氮

2021年上半年，无机氮含量为0.005～0.354 mg/L，小海、海口湾、清澜湾无机氮含量相对较高。

2021年下半年，无机氮含量为0.002～0.399 mg/L，小海、清澜湾、新村湾无机氮含量相对较高。

2021年上半年无机氮含量较下半年高，上半年、下半年含量均较高的重点港湾有小海、清澜湾。

3. 化学需氧量

2021年上半年，化学需氧量含量为0.17～5.35 mg/L，清澜湾、海口湾化学需氧量含量相对较高。

2021年下半年，化学需氧量含量为0.08～3.04 mg/L，小海、清澜湾化学需氧量含量相对较高。

2021年上半年、下半年化学需氧量含量差距较小，上半年、下半年含量均较高的重点港湾为清澜湾。

（三）达标情况时空变化规律分析

2021年上半年，达到"湾长制"目标水质要求的重点港湾比例为80.0%，未达到目标水质要求的重点港湾有5个，分别为铁炉湾、小海、潭门港湾、清澜湾、新村湾，点位达标率分别为0、50.0%、50.0%、66.7%、83.3%。

2021年下半年，达到"湾长制"目标水质要求的重点港湾比例为76.0%，未达到目标水质要求的重点港湾有6个，分别为老爷海、潭门港湾、清澜湾、新村湾、博鳌港湾、小海，点位达标率分别为0、33.3%、50.0%、71.4%、75.0%、83.3%（图2-6-32）。

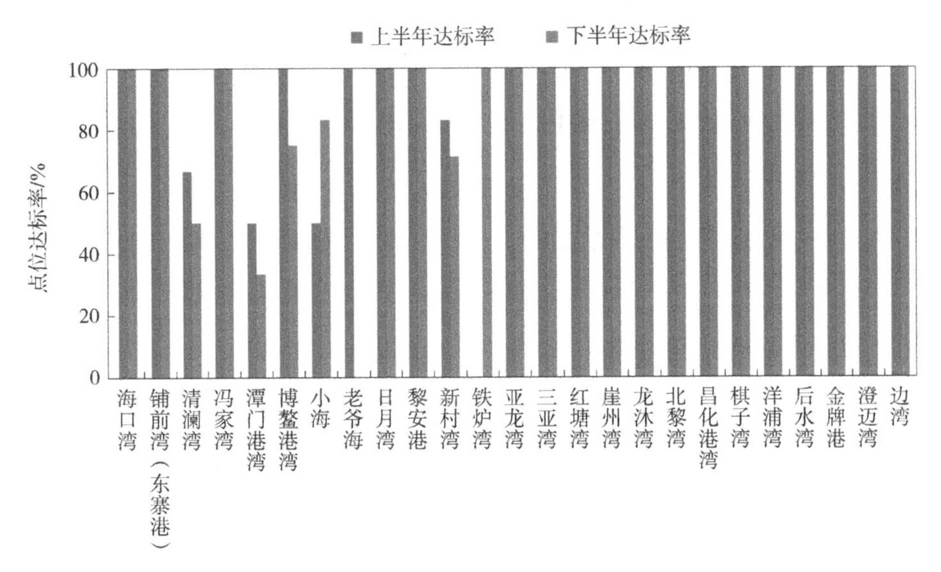

图 2-6-32 2021 年上半年、下半年重点港湾水质点位达标率

第六节 变化原因分析

一、封闭、半封闭的个别海湾水质较差，水体交换能力差，污染源难以扩散，环境自净能力弱

海口东寨港、万宁小海、文昌八门湾度假旅游区和清澜红树林自然保护区等近岸海域水质多年劣于二类，造成水质变差的主要指标为活性磷酸盐、化学需氧量和无机氮，这类污染多来自生活污水和农业废水。污染物在封闭或半封闭的海湾内难以扩散，水体交换不及时，造成水质污染。

二、珊瑚礁和海草床生态系统受人为活动影响较大

近 5 年珊瑚死亡率变化幅度较小，硬珊瑚平均补充量均呈逐年上升趋势，西沙群岛珊瑚礁鱼类密度呈现先下降后上升趋势，海南岛东海岸珊瑚礁鱼类密度波动变化。2020 年新冠肺炎疫情期间，人为活动较少，活珊瑚覆盖度达到近几年以来的最大值；2021 年新冠肺炎疫情得到控制后，人员活动相对变多，活珊瑚覆盖度在人为影响下呈现略微下降趋势。海草床受渔业活动和陆源污染影响较大，养殖网箱和渔排对海草光线的遮挡，海

洋捕捞对海草草体的破坏，船舶作业对海草的损伤和近岸污水排放造成的水体营养化对海草生长的影响等都是造成海草覆盖度低的原因。

三、政府出台相关规定和公民环保意识的增强，使得海洋环境有稳中向好的趋势

政府各主管部门各司其职，协同作战，加强监管；各园区各企业重视环保，强化内部管理，使各环节运行稳定。省委、省政府发布《海南省贯彻落实中央第三生态环境保护督察组督察报告整改方案》，提出五大类15个方面的主要措施，明确海洋工程整改清单，海洋工程所属水域环境有所改善。近年来《海南省建立海上环卫制度工作方案（试行）》《海南省全面推行湾长制实施方案》和“禁塑令”等文件的落地，有效遏制了海洋垃圾污染。公众环保意识的提高，也是环境向好、政府相关规定实施和宣传力度达标的体现。

第七节　小结

一、海南省近岸海域水质总体为优且保持稳定，局部个别海域水质长年劣于二类

2021年，海南省近岸海域水质以一类水质为主，劣于二类的水质主要分布在封闭或半封闭海湾、入海入河口、养殖集中区、港口等近岸海域。万宁小海近岸海域水质长年劣于二类，文昌清澜红树林自然保护区、八门湾度假旅游区近岸海域水质多年劣于二类，琼海潭门渔港、儋州新英湾、三亚榆林港近岸海域个别时段水质劣于二类。

2016—2021年，海南省近岸海域水质保持为优。活性磷酸盐、化学需氧量、无机氮超标率最高值均出现在2018年夏季，自2018年夏季后主要超标指标超标率及超标倍数均有所下降。

二、珊瑚礁生态系统处于健康状态且有缓慢恢复的迹象，海草床生态系统处于亚健康状态

2021年，西沙群岛、海南岛东海岸珊瑚礁生态系统均处于健康状态，生物多样性及生态系统结构基本稳定。西沙群岛珊瑚礁生态健康指数、活珊瑚覆盖度、硬珊瑚补充

量、珊瑚礁鱼类密度等指标均最高，活珊瑚覆盖度为 22.1%；海南岛东海岸珊瑚礁生态健康指数较高，珊瑚死亡率最低，活珊瑚覆盖度为 16.3%；海南岛西海岸活珊瑚覆盖度为 12.3%。海南岛东海岸海草床生态系统处于亚健康状态，生态系统基本维持其自然属性，海草覆盖度为 32.4%；海南岛西海岸海草覆盖度为 31.1%。

2016—2021 年，西沙群岛、海南岛东海岸珊瑚礁硬珊瑚补充量呈稳步上升趋势，活珊瑚覆盖度呈波动上升趋势。海南岛东海岸海草床覆盖度呈现先下降后上升趋势，海草密度逐年下降，海草生物量基本呈下降趋势。

三、海水浴场水质为优，重点港湾水质基本满足所属海洋功能区环境保护要求

2021 年，海口假日海滩、三亚亚龙湾、三亚大东海 3 个国家重点海水浴场水质状况等级、水质年度综合评价等级、健康风险等级均为优，水质持续稳定在优良水平。

25 个重点港湾中，20 个重点港湾达到“湾长制”目标水质要求，老爷海、铁炉湾、潭门港湾、清澜湾、小海等 5 个重点港湾个别时段个别点位水质受活性磷酸盐影响，未能满足“湾长制”水质目标要求。

四、海洋垃圾污染得到缓解，海洋微塑料需要重视

2021 年，三亚湾、海口湾、博鳌湾、洋浦湾海面漂浮垃圾平均个数为 2 494 个 /km^2，海滩垃圾平均个数为 232 084 个 /km^2，海底垃圾平均个数为 4 304 个 /km^2。近 3 年三亚湾海域海洋垃圾数量呈下降趋势，海洋垃圾仍以塑料为主。

三大流域入海口均检出微塑料，南渡江、昌化江、万泉河入海口表层海水中微塑料平均密度为 0.42～0.47 个 /m^3，离岸越近微塑料密度越大。

专栏 6

海水养殖区综合环境质量优良

2021 年，海南省 7 个市县 8 个海水养殖区环境质量监测共布设 42 个监测点位，包括 4 个海水增养殖区（海南陵水新村、临高后水湾、陵水黎安、海口东寨港）、2 个养殖用海区（文昌冯家湾、万宁小海）、2 个海水养殖集中区（乐东莺歌海、东方板桥）。与“十三五”时期相比，增加 2 个海水养殖集中区（乐东莺歌海、东方板桥）的环境质量监测。

2021 年，海口东寨港、临高后水湾、陵水黎安港、陵水新村港、文昌冯家湾、万宁小海、东方板桥镇、乐东莺歌海 8 个海水养殖区综合环境质量等级均为优良，满足海水养殖区环境保护要求，环境质量均稳中向好。

8 个海水养殖区海水水质总体良好，大部分监测指标符合二类海水水质标准，基本满足海水养殖区环境保护要求。除文昌冯家湾、东方板桥、临高后水湾、乐东莺歌海、陵水黎安港、陵水新村港养殖区外，其余 2 个养殖区个别时段个别监测指标劣于二类海水水质标准，主要超标指标为化学需氧量、活性磷酸盐和无机氮。其中万宁小海养殖区以四类、劣四类水质居多。

8 个海水养殖区沉积物质量良好，仅陵水新村港养殖区部分点位滴滴涕、万宁小海养殖区部分点位粪大肠菌群劣于一类海洋沉积物质量标准，其余 6 个养殖区沉积物质量各项监测指标均符合一类海洋沉积物质量标准，基本满足养殖区环境保护要求。

8 个海水养殖区生物质量总体良好，大部分监测指标符合一类海洋生物质量标准，基本满足养殖区环境保护要求，个别时段个别监测指标劣于一类海洋生物质量标准，主要超标指标为铅和汞。

重点园区近岸海域水质保持为优

2021年，海南省7个市县7个重点园区近岸海域水质监测共布设18个点位，包括洋浦经济开发区、东方临港产业园、老城经济开发区、临高金牌港临港产业区、海口江东新区、三亚崖州湾科技城、陵水黎安国际教育试验区。与“十三五”时期相比，增加临高金牌港临港产业区、海口江东新区、三亚崖州湾科技城、陵水黎安国际教育试验区4个重点园区的水质监测。

2021年，海口江东新区、三亚崖州湾科技城、洋浦经济开发区、陵水黎安国际教育创新试验区、东方临港产业园、澄迈老城经济开发区和临高金牌港临港产业园7个重点园区近岸海域水质所有监测指标均符合一类海水水质标准，满足海洋功能区环境保护要求。各重点园区水质类别均达一类，春夏两季水质均为优，水质状况保持稳定。

第七章　声环境

2021 年，海南省区域昼间声环境质量为较好（二级），平均等效声级为 54.2 dB（A）；道路交通昼间声环境质量为好（一级），平均等效声级为 64.6 dB（A）；功能区昼间和夜间总点次达标率分别为 92.7% 和 83.8%。与 2020 年相比，2021 年海南省区域、道路交通昼间声环境质量无明显变化，功能区昼间、夜间总点次达标率（相同点位）均有所上升。

第一节　声环境质量现状

一、区域声环境质量现状

2021 年，海南省区域昼间声环境质量总体水平为较好（二级），平均等效声级为 54.2 dB（A）。

（一）等级评价

2021 年，海南省 18 个市县（不含三沙市）中，海口、儋州、临高、昌江、陵水、保亭、琼中 7 个市县区域昼间声环境质量为一般（三级），占比为 38.9%；其余 11 个市县区域昼间声环境质量为较好（二级），占比为 61.1%。18 个市县平均等效声级为 51.1～59.6 dB（A）（图 2-7-1 和图 2-7-2）。

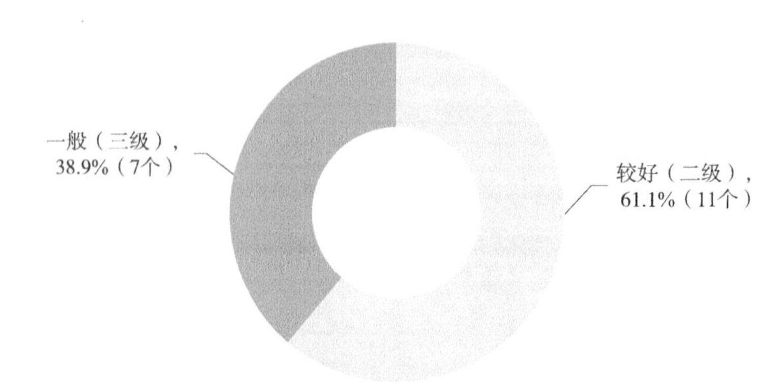

图 2-7-1　2021 年海南省各市县区域昼间声环境质量比例

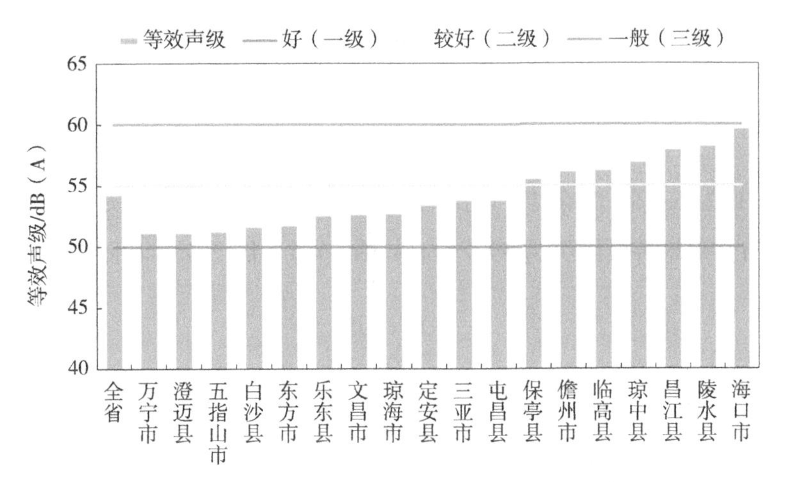

图 2-7-2　2021 年海南省及各市县区域昼间声环境质量

（二）声源评价

2021 年，海南省区域昼间声环境质量声源构成中社会生活噪声所占比例最大，交通噪声次之。声源构成中，社会生活噪声占比为 64.9%，交通噪声占比为 24.2%，工业噪声占比为 5.8%，施工噪声占比为 5.1%（图 2-7-3）。

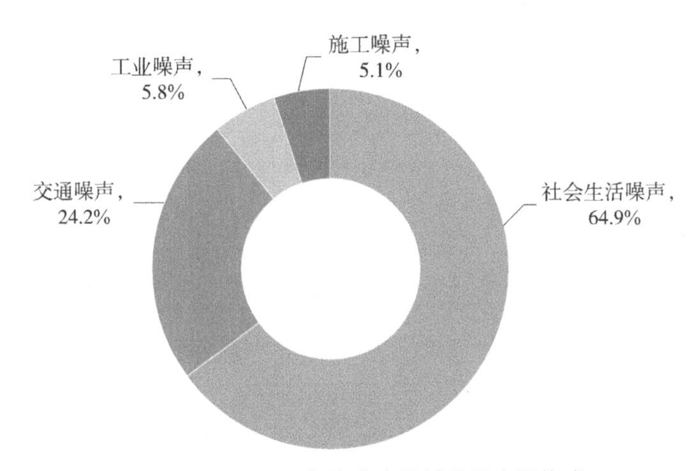

图 2-7-3　2021 年海南省区域昼间声源构成

二、道路交通声环境质量现状

2021 年，海南省道路交通昼间声环境质量总体水平为好（一级），平均等效声级为 64.6 dB（A）。

（一）等级评价

2021年，海南省18个市县（不含三沙市）中，琼海市道路交通昼间声环境质量为较好（二级），占比为5.6%；其余17个市县道路交通昼间声环境质量为好（一级），占比为94.4%。18个市县平均等效声级为59.6～68.3 dB（A）（图2-7-4和图2-7-5）。

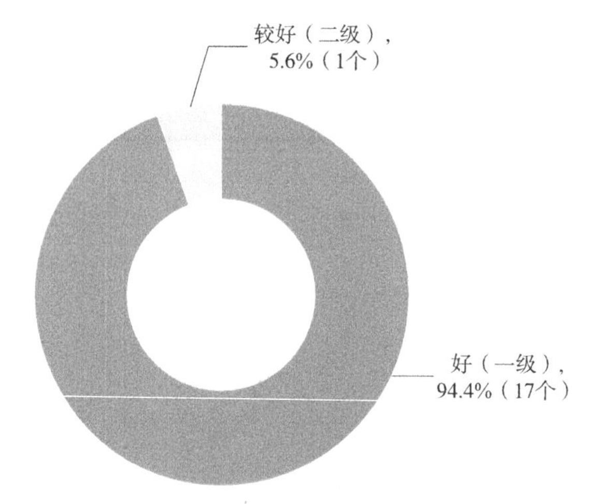

图2-7-4　2021年海南省各市县道路交通昼间声环境质量比例

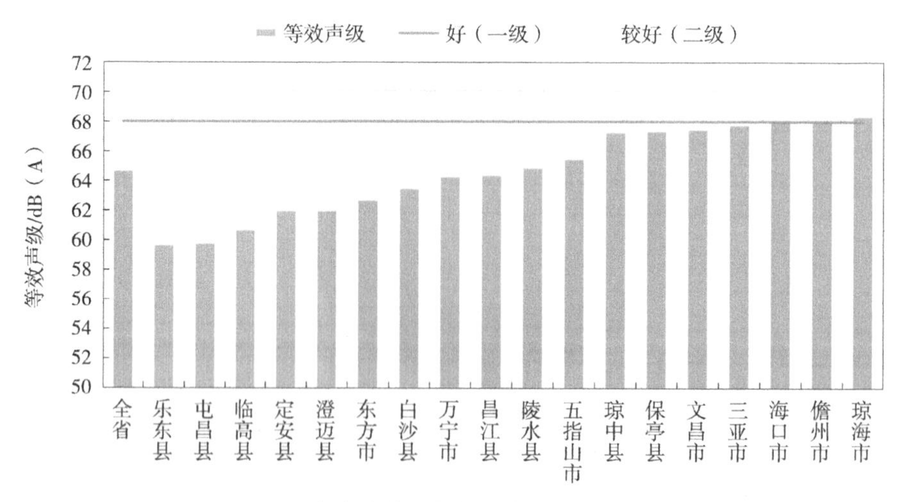

图2-7-5　2021年海南省及各市县道路交通昼间声环境质量

（二）超标路段评价

2021年，海南省昼间道路交通声环境质量平均等效声级超过70 dB（A）的干线长度为 114.5 km，占监测路段总长度的 12.0%。万宁、东方、定安、屯昌、澄迈、白沙、乐东、陵水 8 个市县未出现超标干线；其余市县均存在超标干线，超标路段长度比例为 5.2%～30.5%，其中琼中县超标路段长度为 5.1 km，占监测路段长度的 30.5%，超标路段比例最大（图 2-7-6）。

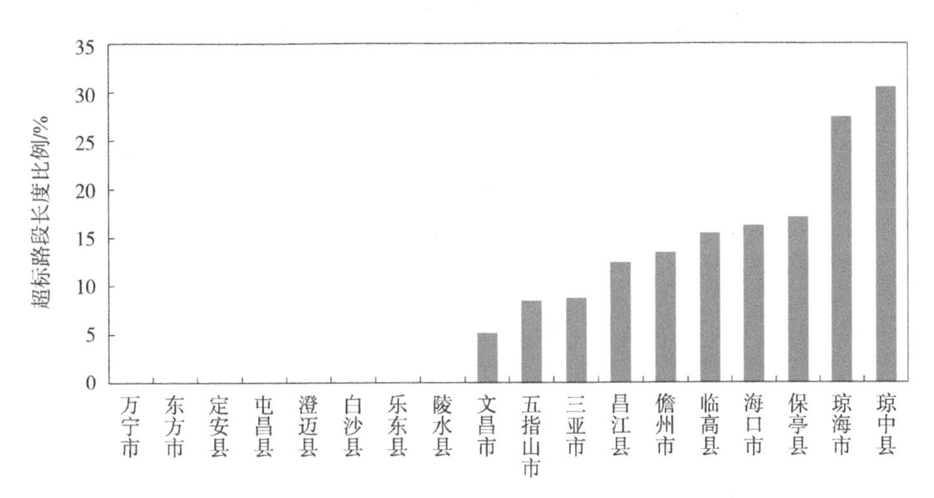

图 2-7-6 2021 年海南省各市县道路交通昼间声环境超 70 dB（A）路段长度比例

三、功能区声环境质量现状

（一）达标率评价

2021 年，海南省各类功能区昼间总点次达标率为 92.7%，夜间总点次达标率为 83.8%。其中，1 类功能区昼间、夜间达标率分别为 82.4% 和 68.6%；2 类功能区昼间、夜间达标率分别为 93.1% 和 87.7%；3 类功能区昼间、夜间达标率分别为 100% 和 95.8%；4a 类功能区昼间、夜间达标率分别为 99.1% 和 87.4%；4b 类功能区昼间、夜间达标率分别为 100% 和 70.0%。1 类功能区昼间、夜间达标率均低于其余功能区（图 2-7-7）。

（二）等效声级评价

2021 年，海南省各类功能区昼间、夜间噪声平均等效声级均符合功能区标准，昼间、夜间声环境质量总体平均等效声级分别为 54 dB（A）、47 dB（A）。

各类功能区中，1 类功能区（文教居住区）昼间平均等效声级为 52 dB（A），夜间为 44 dB（A）；2 类功能区（居住、商业、工业混杂区）昼间平均等效声级为 53 dB（A），

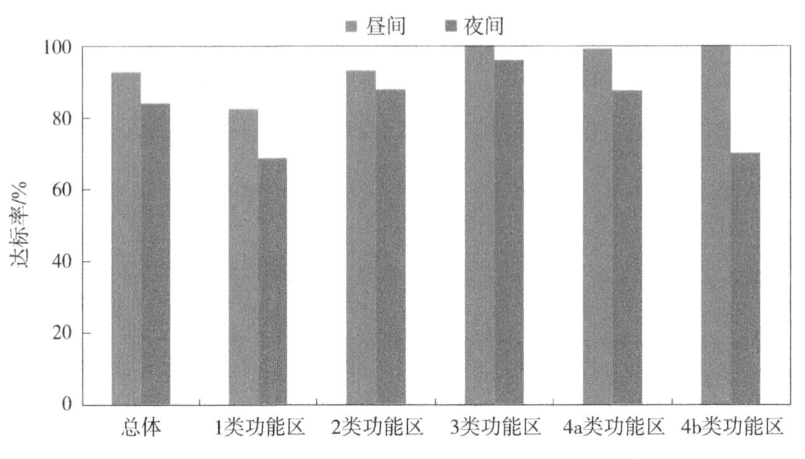

图 2-7-7　2021 年海南省各类功能区昼间、夜间声环境质量达标率

夜间为 45 dB（A）；3 类功能区（工业区）昼间平均等效声级为 58 dB（A），夜间为 50 dB（A）；4a 类功能区（交通干线两侧区域）昼间平均等效声级为 58 dB（A），夜间为 50 dB（A）；4b 类功能区（铁路干线两侧区域）昼间平均等效声级为 59 dB（A），夜间为 55 dB（A）（图 2-7-8）。

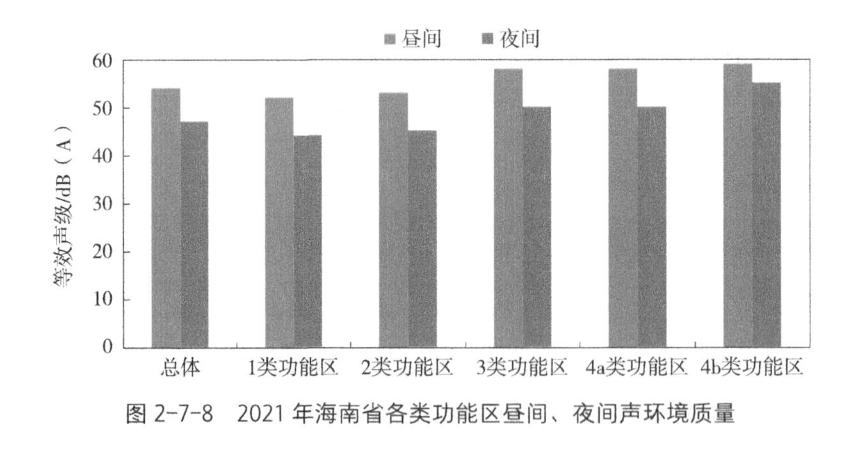

图 2-7-8　2021 年海南省各类功能区昼间、夜间声环境质量

第二节　声环境质量时空变化规律分析

一、区域声环境质量时空变化规律分析

2021 年，海南省区域昼间声环境质量无好（一级）的市县；三亚、五指山、琼海、文昌、万宁、东方、定安、屯昌、澄迈、白沙、乐东 11 个市县昼间声环境质量为较好

（二级）；海口、儋州、临高、昌江、陵水、保亭、琼中 7 个市县昼间声环境质量为一般（三级），主要集中在西部及中部地区。

二、道路交通声环境质量时空变化规律分析

2021 年，海南省道路交通昼间声环境质量为较好（二级）的市县仅琼海市 1 个，其余 17 个市县昼间声环境质量均为好（一级），整体表现出市县道路交通昼间声环境质量差异较小的空间分布特征。

三、功能区声环境质量时空变化规律分析

（一）空间分布规律

2021 年，海南省 18 个市县（不含三沙市）功能区声环境昼间监测点次达标率为 71.4%～100%，夜间监测点次达标率为 50.0%～100%，琼海、文昌、万宁、定安、澄迈、保亭 6 个市县昼间、夜间监测点次达标率均为 100%，主要集中在东部和北部地区（图 2-7-9）。

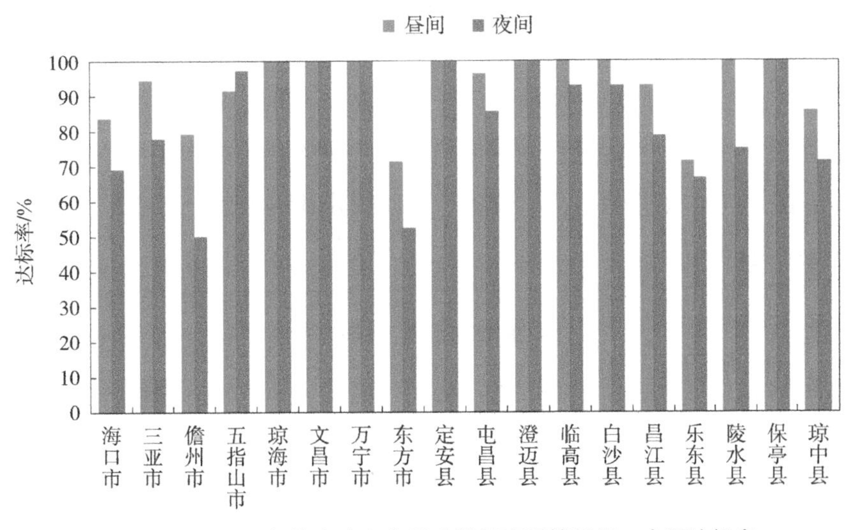

图 2-7-9　2021 年海南省各市县功能区声环境昼间、夜间达标率

（二）时间分布规律

2021 年，海南省功能区声环境昼间总点次达标率高于夜间。第一季度的昼间、夜间

总点次达标率均最高，第二季度的昼间、夜间总点次达标率均最低，第三季度和第四季度的昼间、夜间总点次达标率保持平稳（图 2-7-10）。

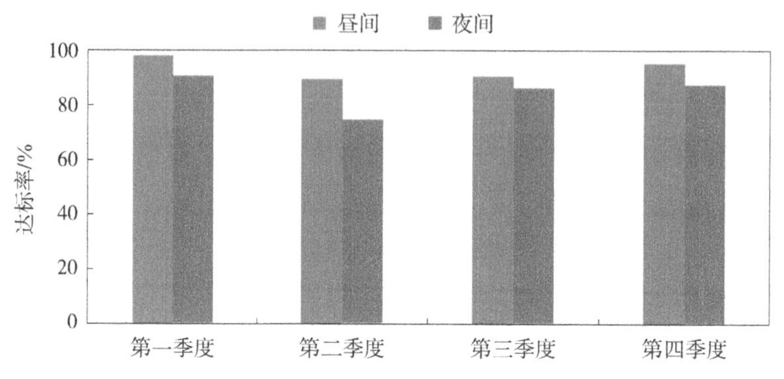

图 2-7-10　2021 年各季度全省功能区声环境昼间、夜间达标率

第三节　声环境质量年度对比分析

一、区域声环境质量年度对比分析

与 2020 年相比，2021 年海南省区域昼间声环境质量总体保持较好，平均等效声级下降 0.1 dB（A）。区域昼间声环境质量为好（一级）的市县数量下降 1 个，较好（二级）的市县数量上升 1 个。全省区域昼间声环境质量声源构成中社会生活、工业噪声比例分别下降 0.4 个百分点、1.6 个百分点，交通、施工噪声比例分别上升 0.2 个百分点、1.8 个百分点（图 2-7-11）。

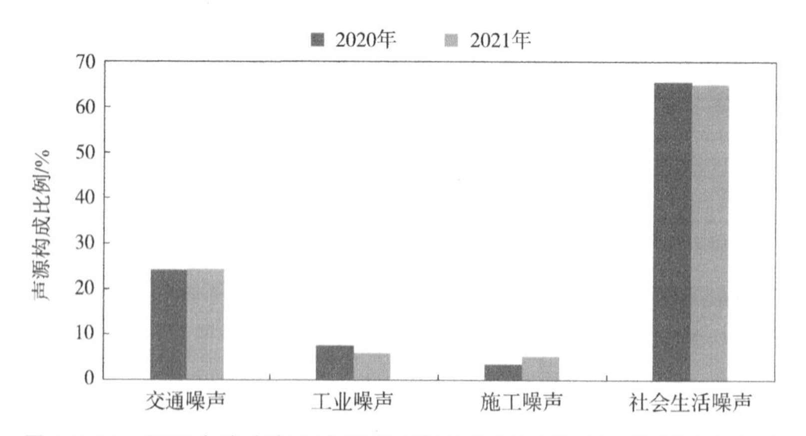

图 2-7-11　2021 年海南省区域昼间声环境质量声源构成比例同比变化情况

根据监测数据，海口、儋州、文昌、白沙、昌江、乐东、陵水、保亭、琼中9个市县等效声级有所上升，上升幅度为0.4～4.8 dB（A）；三亚、五指山、琼海、万宁、东方、定安、屯昌、澄迈、临高9个市县等效声级有所下降，下降幅度为0.2～4.1 dB（A）。

从城市区域昼间噪声总体水平等级分析，东方、定安、屯昌3个市县区域昼间声环境质量有所上升，均由一般上升为较好；儋州、白沙、保亭、琼中4个市县区域昼间声环境质量有所下降，其中儋州、保亭、琼中3个市县均由较好下降为一般，白沙县由好下降为较好；其余市县区域昼间声环境质量无明显变化。

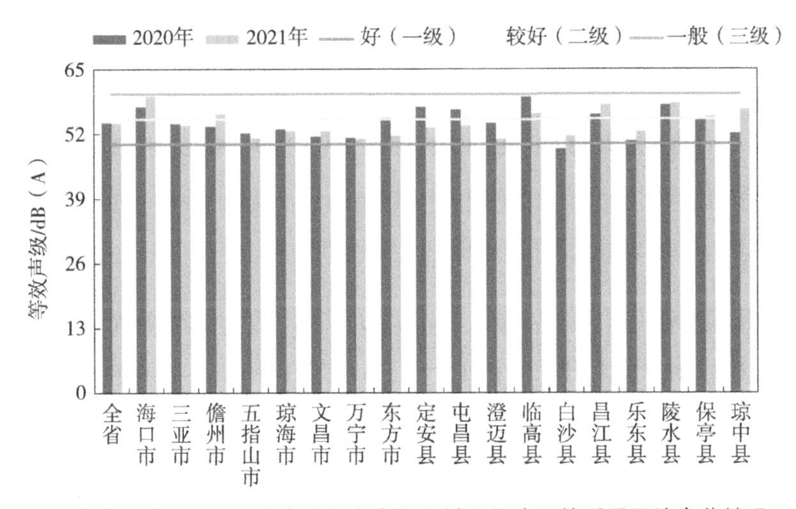

图 2-7-12　2021 年海南省及各市县区域昼间声环境质量同比变化情况

二、道路交通声环境质量年度对比分析

与2020年相比，2021年海南省道路交通昼间声环境质量总体保持为好，平均等效声级下降1.6 dB（A）；道路交通昼间声环境质量为好（一级）的市县数量上升1个，较好（二级）的市县数量下降1个。

根据监测数据，海口、儋州、琼海、昌江、陵水、保亭、琼中7个市县平均等效声级有所上升，上升幅度为0.3～1.3 dB（A）；三亚、五指山、文昌、万宁、东方、定安、屯昌、澄迈、临高、乐东10个市县平均等效声级有所下降，下降幅度为1.1～7.4 dB（A）；白沙县平均等效声级持平。

从城市道路交通昼间噪声强度等级分析，三亚、文昌2个市道路交通昼间声环境质量同比上升，均由较好上升为好；琼海市道路交通昼间声环境质量同比下降，由好下降为较好；其余市县道路交通昼间声环境质量无明显变化（图 2-7-13）。

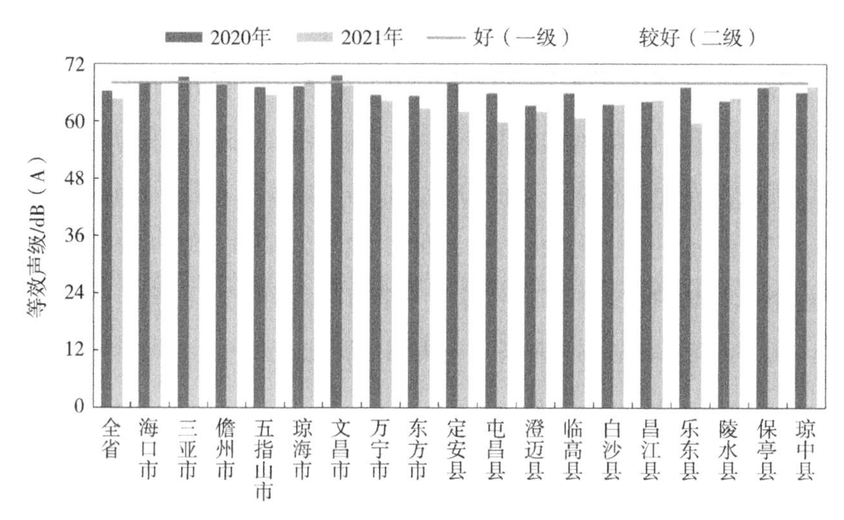

图 2-7-13　2021 年海南省及各市县道路交通昼间声环境质量同比变化情况

三、功能区声环境质量年度对比分析

与 2020 年相同测点（三亚、琼海、陵水、万宁、澄迈、临高）数据相比，2021 年昼间、夜间总点次达标率分别上升 4.0 个百分点、3.4 个百分点；1 类功能区昼间、夜间达标率均上升 9.4 个百分点；2 类功能区昼间达标率上升 2.2 个百分点，夜间达标率下降 2.2 个百分点；3 类功能区昼间、夜间达标率均上升 25.0 个百分点；4a 类功能区昼间达标率持平，夜间达标率上升 6.8 个百分点（图 2-7-14）。

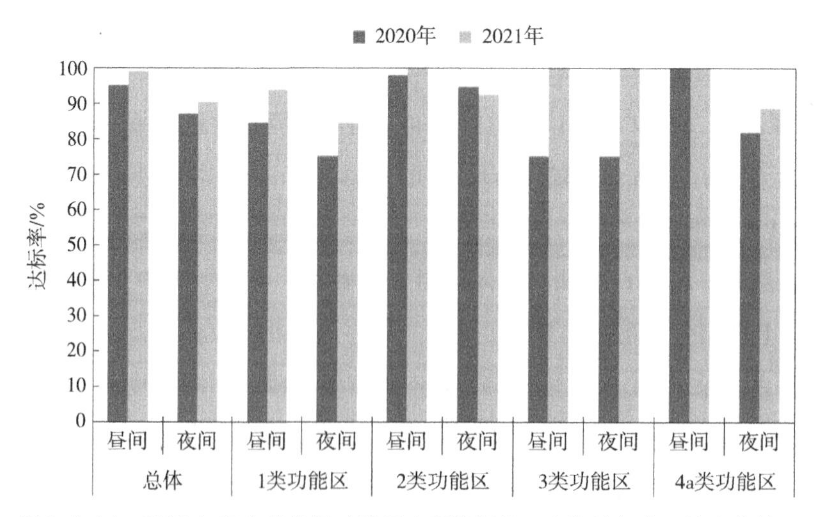

图 2-7-14　2021 年海南省各类功能区声环境昼间、夜间达标率同比变化情况

与2020年相同测点（三亚、琼海、陵水、万宁、澄迈、临高）相比，2021年功能区昼间、夜间声环境质量平均等效声级均下降1 dB（A），1类功能区夜间噪声等效声级持平，3类功能区昼间、夜间噪声等效声级分别上升3 dB（A）、1 dB（A），其余功能区昼间、夜间噪声等效声级均有所下降，下降幅度为1～2 dB（A）（图2-7-15）。

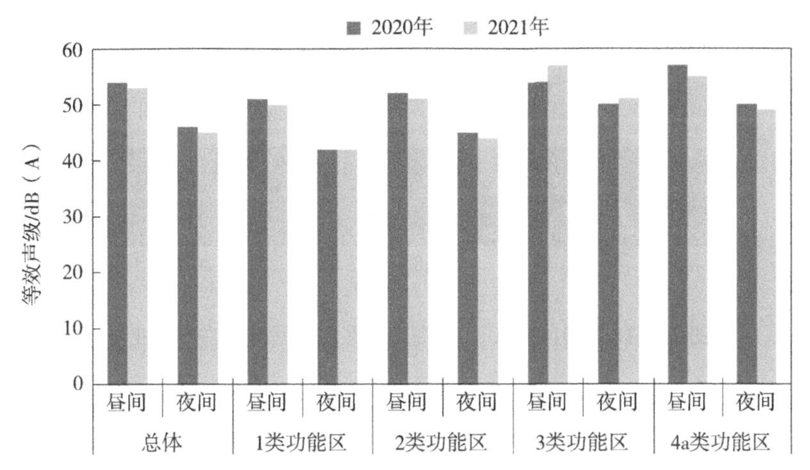

图2-7-15　2021年海南省各类功能区昼间、夜间声环境质量同比变化情况

第四节　声环境质量年际（2016—2021年）变化趋势分析

一、区域声环境质量年际变化趋势分析

（一）海南省区域声环境质量年际变化

2016—2021年，海南省区域昼间声环境质量均处于较高水平，平均等效声级为53.2～54.3 dB（A），呈上升趋势，秩相关系数法分析结果表明上升趋势显著。

2021年与2016年相比，海南省区域昼间声环境质量总体保持稳定，平均等效声级上升1.0 dB（A）（图2-7-16）。

2016—2021年，海南省区域昼间噪声声源构成变化不大。社会生活噪声比例稳定在61.0%以上，为影响全省区域昼间声环境质量的主要声源，2018年起变化不大；交通噪声比例保持在24.0%～27.9%，为仅次于社会生活噪声的主要声源，2018年起呈逐年下降趋势；2018—2021 年工业、施工噪声比例高于 2016—2017 年，工业、施工噪声比例分别控制在 8.0%、6.0% 以内。

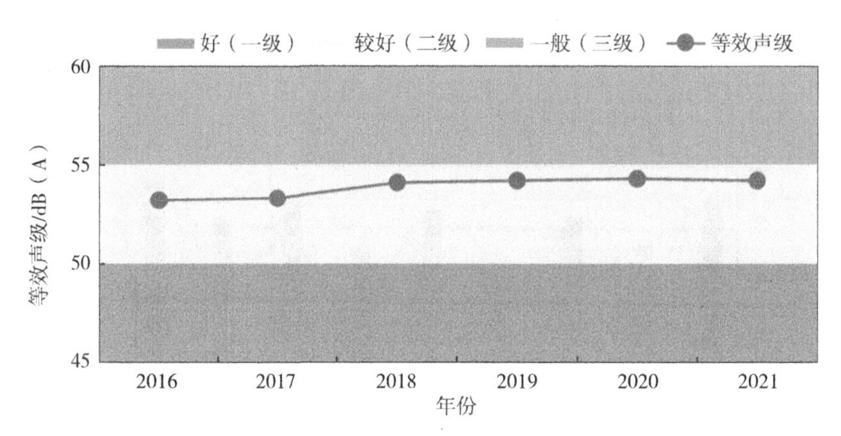

图 2-7-16　2016—2021 年海南省区域昼间声环境质量变化

与 2016 年相比，2021 年海南省区域昼间噪声声源中社会生活、交通噪声比例分别下降 4.9 个百分点、3.2 个百分点，工业、施工噪声比例分别上升 4.0 个百分点、4.1 个百分点（图 2-7-17）。

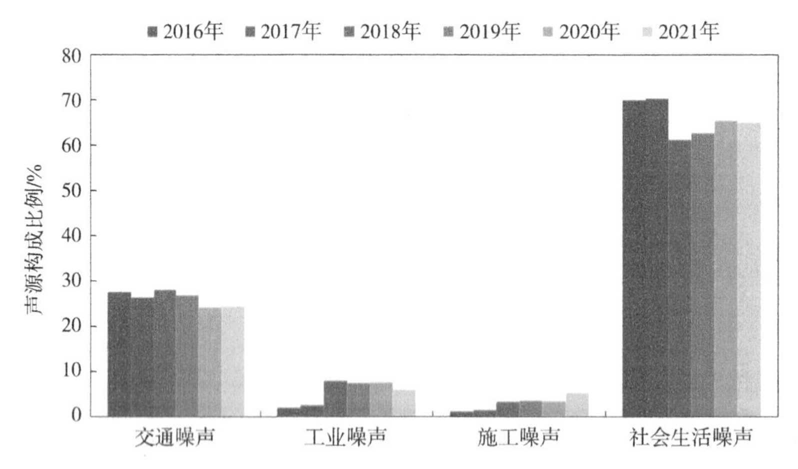

图 2-7-17　2016—2021 年海南省区域昼间声环境质量声源构成比例变化

（二）市县区域声环境质量年际变化

2016—2021 年秩相关系数法分析结果表明，昌江县区域昼间噪声等效声级上升趋势显著，东方、澄迈 2 个市县区域昼间噪声等效声级下降趋势显著，其余市县区域昼间噪声等效声级无显著变化趋势。

二、道路交通声环境质量年际变化趋势分析

（一）海南省道路交通声环境质量年际变化

2016—2021 年，海南省道路交通昼间声环境质量均为好，平均等效声级为 64.6～67.1 dB（A），呈下降趋势，秩相关系数法分析结果表明下降趋势显著。

与 2016 年相比，2021 年海南省道路交通昼间声环境质量总体保持稳定，平均等效声级下降 2.5 dB（A）（图 2-7-18）。

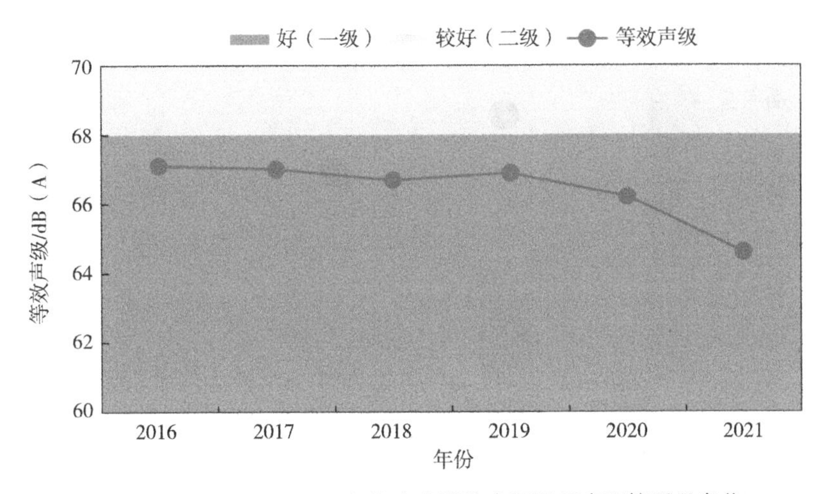

图 2-7-18　2016—2021 年海南省道路交通昼间声环境质量变化

（二）市县道路交通声环境质量年际变化

2016—2021 年秩相关系数法分析结果表明，东方、澄迈、陵水 3 个市县道路交通昼间噪声平均等效声级下降趋势显著，其余市县无显著变化趋势。

第五节　变化原因分析

一、旅游业发展及生活水平提高导致各类声源增加，影响区域声环境质量

2021 年，海南省 18 个市县（不含三沙市）区域昼间声环境质量主要处于二级，其次是三级。与 2020 年相比，2021 年区域声环境质量为一级的市县减少 1 个，区域声环境

质量为二级的市县增加 1 个。全省区域声环境质量主要受社会生活噪声影响，占比高达 64.9%，其次为交通噪声，占比为 24.2%，工业噪声和施工噪声占比分别为 5.8%、5.1%。按声源强度排序，依次为交通噪声［57.7 dB（A）］>施工噪声［56.8 dB（A）］>工业噪声［56.5 dB（A）］>社会生活噪声［52.7 dB（A）］。社会生活噪声虽然声级强度低，但其声源分布广泛，影响作用不容忽视。交通噪声占比虽然居第二位，但其声级强度较高，对城市声环境冲击较大，是影响城市区域声环境质量的重要因素。随着海南旅游业的推进，城市服务行业迅速发展等都直接导致各类声源的增加（图 2-7-19）。

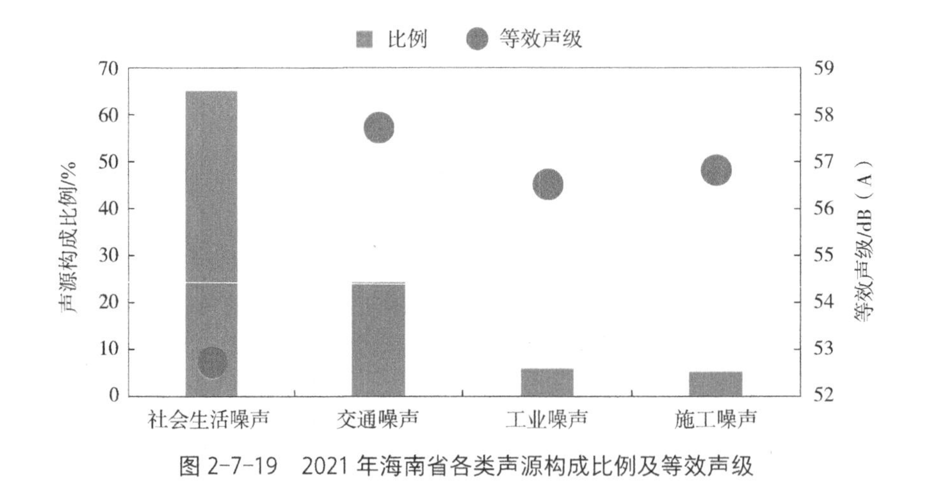

图 2-7-19　2021 年海南省各类声源构成比例及等效声级

二、城市机动车道路长度及新能源汽车数量增加，有效缓解城市道路交通噪声压力

2021 年，海南省 18 个市县（不含三沙市）道路交通昼间声环境质量绝大部分处于一级，仅有 1 个市县为二级。与 2020 年相比，2021 年全省道路交通昼间声环境质量平均等效声级下降幅度较大，为 1.6 dB（A）；道路交通昼间声环境质量为一级的市县增加 1 个，道路交通昼间声环境质量为二级的市县减少 1 个。随着城市道路规划中机动车道数的不断增加，拥挤的交通得到缓解，同时新能源汽车数量的增加，也降低了城市道路交通噪声压力。

三、夜间活动丰富，导致功能区声环境夜间达标率较昼间低

2021 年，海南省功能区昼间总体达标率显著高于夜间，主要是因为随着城市化的发展和生活水平的提升，第三产业迅速发展，夜间休闲娱乐活动较为丰富。这种变化直

接带动了夜间商业活动和道路交通车流量的增加，从而导致功能区夜间总体达标率低于昼间。

第六节　小结

一、海南省区域昼间声环境质量总体较好，大部分市县达较好（二级）水平

2021 年，海南省区域昼间声环境质量总体较好，平均等效声级为 54.2 dB（A），声源构成中社会生活噪声贡献最大，其次为交通噪声。18 个市县（不含三沙市）区域昼间声环境质量平均等效声级为 51.1～59.6 dB（A），达较好（二级）的市县有 11 个，占比为 61.1%；达一般（三级）的市县有 7 个，占比为 38.9%。

与 2020 年相比，2021 年海南省区域昼间声环境质量总体无明显变化，均为较好，平均等效声级下降 0.1 dB（A）；18 个市县（不含三沙市）中，东方、定安、屯昌 3 个市县的昼间声环境质量均由一般上升为较好，儋州、保亭、琼中 3 个市县的昼间声环境质量均由较好下降为一般，白沙县的昼间声环境质量由好下降为较好，其余市县无明显变化。

2016—2021 年，全省区域昼间声环境质量均处于较高水平，平均等效声级上升趋势显著，昼间噪声声源构成变化不大。

二、海南省道路交通昼间声环境质量总体为好，大部分市县达好（一级）水平

2021 年，海南省道路交通昼间声环境质量总体为好，平均等效声级为 64.6 dB（A），全省超过 70 dB（A）的干线长度为 114.5 km，占监测路段总长度的 12.0%。18 个市县（不含三沙市）道路交通昼间平均等效声级为 59.6～68.3 dB（A），达到好（一级）的市县有 17 个，占比为 94.4%；达到较好（二级）的市县有 1 个，占比为 5.6%。

与 2020 年相比，2021 年海南省道路交通昼间声环境质量总体无明显变化，均为好，平均等效声级下降 1.6 dB（A）；18 个市县（不含三沙市）中，三亚、文昌 2 个市县道路交通昼间声环境质量均由较好上升为好，琼海市道路交通昼间声环境质量由好下降为较好，其余市县无明显变化。

2016—2021 年，海南省道路交通昼间声环境质量均为好，平均等效声级下降趋势显著。

三、海南省功能区昼间总点次达标率为 92.7%，夜间总点次达标率为 83.8%

2021 年，海南省各类功能区昼间、夜间噪声平均等效声级均符合功能区标准，昼间总点次达标率为 92.7%，夜间总点次达标率为 83.8%。各类功能区昼间达标率为 82.4%～100%，夜间达标率为 68.6%～95.8%，1 类功能区昼间、夜间达标率均最低。

与 2020 年相同测点相比，2021 年三亚、琼海、陵水、万宁、澄迈、临高功能区昼间、夜间总点次达标率分别上升 4.0 个百分点、3.4 个百分点。2 类功能区夜间达标率略有降低；4a 类功能区昼间达标率持平；1 类功能区昼间和夜间、2 类功能区昼间、3 类功能区昼间和夜间、4a 类功能区夜间达标率均升高。

第八章　生态

2021年，海南省生态质量指数（EQI）值为74.81（三年滑动值为74.82），生态质量综合评价为一类，自然生态系统覆盖比例高、人类干扰强度低、生物多样性丰富、生态结构完整、系统稳定、生态功能完善。与2020年相比，2021年全省生态质量基本稳定。

海南省生态质量三级指标中，植被覆盖指数、重要生态空间连通度指数、海域开发强度指数均呈现不同的时空变化规律。植被覆盖指数呈现中部高、沿海低的散射性分布，降水量是植被覆盖变化的主要因素；重要生态空间连通度指数呈现中部、南部高，东北部低的分布规律，城镇用地及耕地是造成海南岛生境破碎化的主要原因，城镇用地及耕地越破碎，重要生态空间连通度指数越低；海域开发强度指数主要受养殖塘清退、填海造地项目拆除及泊船码头修建的影响。

第九章　辐射

2021 年，海南省辐射环境质量总体良好。环境电离辐射水平处于本底涨落范围内，环境电磁辐射水平低于国家规定的电磁环境公众曝露控制限值。与 2020 年相比，2021 年全省辐射环境质量保持稳定。

第一节　辐射环境质量现状

一、环境电离辐射现状

（一）环境 γ 辐射水平

1. 自动站空气吸收剂量率

2021 年，海南省 13 个自动站测得的连续空气吸收剂量率年均值为 61.9～98.9 nGy/h，与《中国环境天然放射性水平》中海南调查结果（47.8～171.7 nGy/h）在同一水平，处于本底涨落范围内（图 2-9-1）。

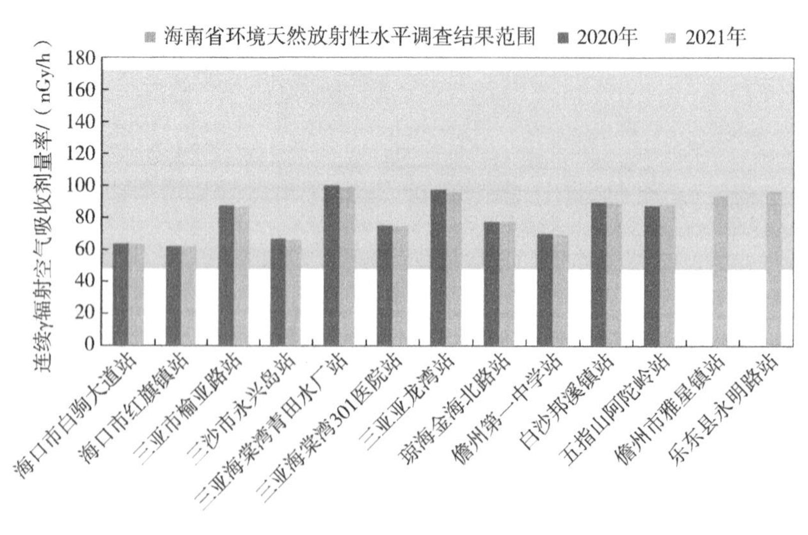

图 2-9-1　2021 年海南省各自动站空气吸收剂量率及同比变化情况

2. 累积剂量测得的空气吸收剂量率

2021 年，海南省 12 个监测点累积剂量测得的空气吸收剂量率年均值为 45.5～93.4 nGy/h，与《中国环境天然放射性水平》中海南调查结果（47.8～171.7 nGy/h）在同一水平，处于本底涨落范围内（图 2-9-2）。

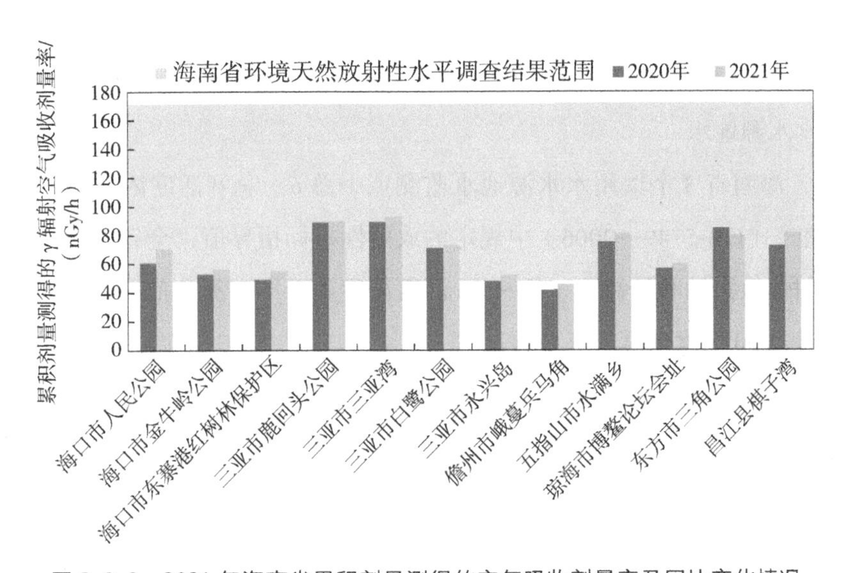

图 2-9-2　2021 年海南省累积剂量测得的空气吸收剂量率及同比变化情况

（二）空气放射性水平

1. 气溶胶

2021 年，海南省 13 个监测点的气溶胶中天然放射性核素铍 -7、钾 -40、铅 -210、钋 -210 活度浓度处于本底涨落范围内，人工放射性核素锶 -90、铯 -137 活度浓度未见异常，其余 γ 放射性核素均未检出。

2. 沉降物

2021 年，海南省 10 个监测点的沉降灰中天然放射性核素铍 -7、钾 -40、铋 -214、镭 -228 日沉降量处于本底涨落范围内，人工放射性核素锶 -90、铯 -137 日沉降量未见异常，其余 γ 放射性核素均未检出；降水中氚未检出。

3. 空气中氚、碘、氡

2021 年，海南省 10 个空气监测点中气态碘 -131 均未检出，全省 1 个监测点中空气（水蒸气）氚未检出，全省 1 个监测点中空气氡活度浓度为 11 Bq/m^3，处于本底涨落范围内。

（三）水体放射性水平

1. 湖库水

2021 年，儋州市松涛水库水中总 α、总 β 活度浓度低于《生活饮用水卫生标准》（GB 5749—2006）中规定的放射性指标指导值，天然放射性核素铀和钍浓度、镭 -226 活度浓度处于本底涨落范围内，人工放射性核素铯 -137 和锶 -90 活度浓度未见异常。

2. 饮用水水源地水

2021 年，海南省 3 个饮用水水源地水监测点中总 α、总 β 活度浓度均低于《生活饮用水卫生标准》（GB 5749—2006）中规定的放射性指标指导值，全省 1 个饮用水水源地水中天然放射性核素铀和钍浓度、镭 -226 活度浓度处于本底涨落范围内，人工放射性核素铯 -137 和锶 -90 活度浓度未见异常。

3. 地下水

2021 年，海南省 1 个地下水监测点中总 α、总 β 活度浓度低于《地下水质量标准》（GB/T 14848—2017）中规定的Ⅲ类标准值，天然放射性核素铀和钍浓度、镭 -226 活度浓度处于本底涨落范围内（图 2-9-3）。

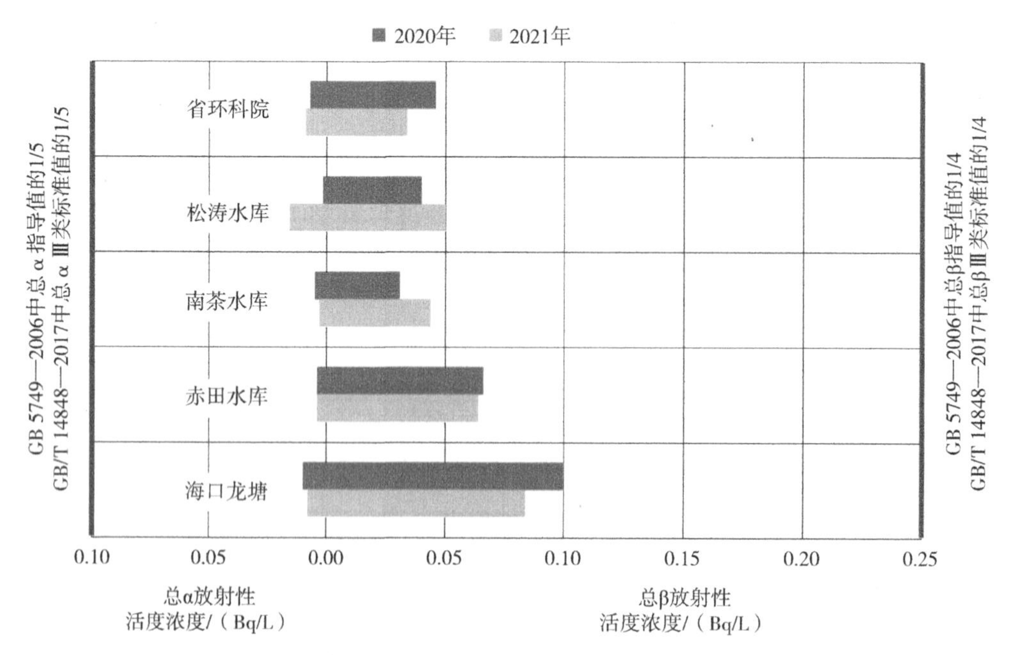

图 2-9-3　2021 年海南省水体中总 α/β 放射性活度浓度及同比变化情况

（四）近岸海域放射性水平

1. 海水

2021 年，海南省 3 个海水监测点中天然放射性核素铀和钍浓度、镭 -226 活度浓度均处于本底涨落范围内；放射性核素氚未检出；人工放射性核素铯 -137、锶 -90 活度浓度未见异常，且低于《海水水质标准》（GB 3097—1997）中规定的限值（图 2-9-4）。

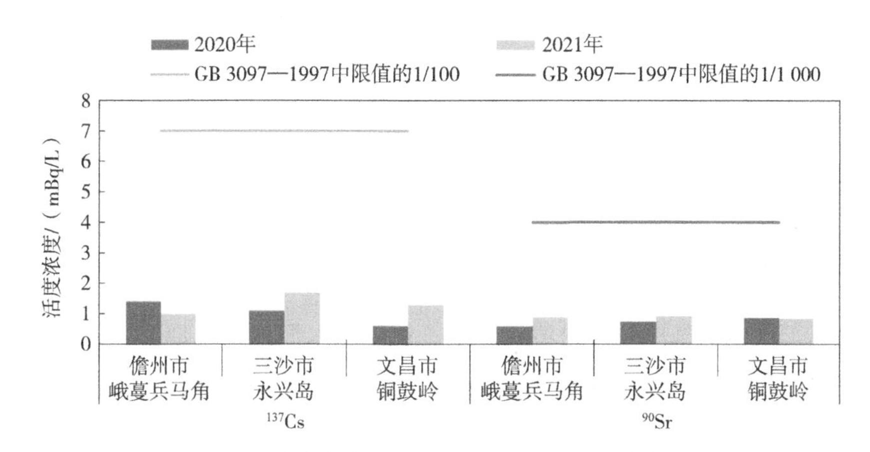

图 2-9-4 2021 年海南省海水中铯 -137 和锶 -90 活度浓度及同比变化情况

2. 海洋生物

2021 年，海南省 3 个海洋生物监测点中天然放射性核素钾 -40、镭 -226、镭 -228、钍 -234、钋 -210 和铅 -210 活度浓度均处于本底涨落范围内；人工放射性核素铯 -137 和锶 -90 活度浓度未见异常，且低于《食品中放射性物质限制浓度标准》（GB 14882—1994）中规定的放射性核素限制浓度。

（五）土壤放射性水平

2021 年，全省 4 个土壤监测点中天然放射性核素钾 -40、镭 -226、钍 -232、铀 -238 活度浓度均处于本底涨落范围内，人工放射性核素铯 -137 活度浓度未见异常。

二、电磁辐射现状

（一）环境电磁辐射

2021 年，海南省 2 个环境电磁辐射监测点的综合电场强度监测结果远低于《电磁环境控制限值》（GB 8702—2014）规定的公众曝露控制限值。

（二）电磁设施外围环境电磁辐射

2021年，海南省1个中波发射台外围电场强度、1个110 kV变电站外围工频电场强度和磁感应强度监测结果均低于《电磁环境控制限值》（GB 8702—2014）中规定的公众曝露控制限值。

第二节　辐射环境质量年度对比分析

一、环境电离辐射年度对比分析

与2020年相比，2021年空气吸收剂量率、气溶胶、沉降灰、降水、气态碘-131、空气（水蒸气）氚、空气中氡、松涛水库水、饮用水水源地水、地下水、海水、海洋生物放射性监测结果均无明显变化；三沙市永兴岛土壤监测结果略有上升，但处于本底涨落范围内，其余点位土壤监测结果无明显变化。

二、电磁辐射现状年度对比分析

与2020年相比，2021年海口市人民公园点位的电磁辐射监测结果略有上升，但低于国家规定的控制限值，三亚海月广场环境电磁辐射监测结果无明显变化；海甸岛变电站监测点位的工频电场监测结果有所下降，其余环境电磁辐射监测结果无明显变化。

第三节　小结

一、海南省环境电离辐射水平处于本底涨落范围内

2021年，海南省环境电离辐射水平处于本底涨落范围内，其中空气吸收剂量率处于本底涨落范围内，环境介质中的天然放射性核素活度浓度处于本底涨落范围内，人工放射性核素活度浓度未见异常。

陆域各监测点的空气吸收剂量率和空气、地表水、地下水、饮用水水源地水、土壤中天然放射性核素活度浓度处于本底涨落范围内，人工放射性核素活度浓度未见异

常。地表水和饮用水水源地水中总α、总β活度浓度低于《生活饮用水卫生标准》（GB 5749—2006）规定的指导值。地下水中总α、总β活度浓度低于《地下水质量标准》（GB/T 14848—2017）中规定的Ⅲ类标准值。

近岸海域各监测点的海水和海洋生物中天然放射性核素活度浓度处于本底涨落范围内，人工放射性核素活度浓度未见异常。海水中人工放射性核素锶-90和铯-137活度浓度低于《海水水质标准》（GB 3097—1997）规定限值。海洋生物中铯-137和锶-90活度浓度低于《食品中放射性物质限制浓度标准》（GB 14882—1994）中规定的放射性核素限制浓度。

二、海南省环境电磁辐射水平低于公众曝露控制限值

2021年，环境电磁辐射监测点的综合电场强度低于《电磁环境控制限值》（GB 8702—2014）规定的公众曝露控制限值。监测的中波发射台和变电站外围电磁辐射强度低于《电磁环境控制限值》（GB 8702—2014）规定的公众曝露控制限值。

第三篇

生态环境质量关联分析

第一章　生态环境与社会经济关联分析

2021 年，海南省省委、省政府带领全省上下认真贯彻落实党中央、国务院决策部署，准确把握新发展阶段，坚定践行新发展理念，积极融入新发展格局，乘势而上加快推进海南自贸港建设，统筹推进新冠肺炎疫情防控和经济社会发展，农业平稳发展，工业呈恢复性增长，服务业、投资、消费品市场保持较快增长，物价水平稳定，全省经济快速增长，经济发展韧性和活力不断加强，实现“十四五”良好开局。根据地区生产总值统一核算结果，全省生产总值 6 475.20 亿元，按不变价格计算，同比增长 11.2%，两年平均增长 7.3%。

通过社会经济与环境质量关联度模型对 2016—2021 年海南省生态环境质量与社会经济发展的关联分析发现，社会经济系统与环境系统存在较强关联，全省人均 GDP 逐年上升，产业结构不断优化，污染物减排取得一定成效。

一、分析方法与指标

建立关联指标体系是分析两者之间影响机制的重要步骤，根据海南省社会经济与环境系统发展现状，选取具有代表性、科学性及可获取性指标，社会经济主要选取 GDP 和户籍人口数，环境系统包括污染排放和环境质量两个子系统，污染排放子系统从废气和废水排放两个方面选取指标，环境质量子系统从环境空气、地表水、声环境 3 个方面选取指标。关联分析基础单元是以海南省 18 个市县（不含三沙市）行政区为单元，数据来源为 2016—2021 年《海南省国民经济和社会发展统计公报》，生态质量子系统数据来源于历年海南省生态环境监测网络数据、《海南省环境统计年报》。

社会经济与环境系统具有明显模糊性、随机性和信息不完全性，二者是典型的灰色系统，灰色关联分析是研究灰色系统的基本方法，采用灰色关联度对社会经济和环境指标体系进行系统分析，主要根据社会经济指标序列与环境指标序列的两类曲线之间的相似程度，确定指标之间关联性的大小，几何形状越接近，灰色关联度越大。数据经过标准化处理运用 SPSSAU 系统进行灰色关联度模型计算。计算得出各指标的灰色关联度（γ），其代表社会经济指标与环境系统指标关联程度的相对大小，若 $0<\gamma<1$，说明两系统指标

间有关联性，γ 值越大，关联性越大，耦合性越强，反之亦然。当 $0<\gamma\leqslant0.35$ 时，关联度为弱，两系统指标间耦合作用弱；当 $0.35<\gamma\leqslant0.65$ 时，关联度为中，两指标耦合作用中等；当 $0.65<\gamma\leqslant0.85$ 时，关联度为较强，两指标耦合作用较强；当 $0.85<\gamma\leqslant1$ 时，关联度极强，两指标相互作用规律几乎一样。

二、生态环境与社会经济灰色关联度分析

从系统构成看，环境系统与人口的关联度（γ）为 0.87，关联度极强；与 GDP 的关联度（γ）为 0.72，关联度较强。环境质量子系统与人口的关联度（γ）为 0.97，关联度极强；与 GDP 的关联度（γ）为 0.72，关联度较强。环境污染排放子系统与人口的关联度（γ）为 0.69，关联度较强；与 GDP 的关联度（γ）为 0.72，关联度较强。

从要素层面看，环境空气、地表水、声环境要素与人口的关联度（γ）基本一致，均约为 0.97，关联度极强；与 GDP 关联度（γ）均约为 0.72，关联度较强。废气排放系统与 GDP 关联度（γ）为 0.61，与人口关联度（γ）为 0.55，关联度为中度关联；废水排放系统与 GDP 和人口的关联度（γ）均为 0.83，关联度较强（表 3-1-1）。

表 3-1-1 社会经济与环境系统指标灰色关联度矩阵

环境系统			社会经济系统			
环境子系统	要素层	指标层	GDP 关联度		人口关联度	
环境质量	环境空气	$PM_{2.5}$	0.720	较强	0.971	极强
		PM_{10}	0.721	较强	0.972	极强
		O_3	0.724	较强	0.977	极强
		SO_2	0.720	较强	0.971	极强
		NO_2	0.720	较强	0.971	极强
		CO	0.720	较强	0.971	极强
	地表水	化学需氧量	0.720	较强	0.971	极强
		氨氮	0.720	较强	0.971	极强
	声环境	区域昼间平均等效声级	0.722	较强	0.974	极强
		道路交通昼间平均等效声级	0.722	较强	0.975	极强

续表

环境系统			社会经济系统			
环境子系统	要素层	指标层	GDP 关联度		人口关联度	
污染排放	废气	二氧化硫排放量	0.807	较强	0.710	较强
		氮氧化物排放量	0.430	中	0.415	中
		颗粒物排放量	0.590	中	0.530	中
	废水	废水排放量	0.882	较强	0.733	较强
		化学需氧量	0.895	较强	0.791	较强
		氨氮排放量	0.730	较强	0.986	极强

2016—2021 年，海南省社会经济系统和环境系统关联度极高，说明两个系统相互作用规律几乎一样，6 年间变化规律存在高度一致性。其中环境质量子系统与人口数关联度极强，与 GDP 关联度较强，说明反映环境空气、地表水和声环境相关质量的数据与社会经济发展的变化规律具有高度耦合性。污染排放与社会经济的发展有较强的关联程度。

第二章　海洋生态环境与经济发展关联分析

一、分析方法与指标

海洋生态、海洋经济和海洋社会相互依存、相互制约，3个子系统互相耦合而成为复杂的海洋生态经济系统。海洋经济与海洋社会系统需求无限性与海洋生态系统供给有限性的矛盾，是海洋生态经济系统的基本矛盾。海洋生态经济系统协调发展，是指海洋生态经济系统各子系统通过相互作用、相互反馈、相互配合后呈现的海洋生态结构功能、海洋经济结构功能与海洋社会结构功能相统一，相对稳定的动态平衡状态，是海洋生态经济系统内各种生态、经济、社会要素经过协调过程所达到结构有序与功能有效的状态。

根据系统性、科学性、可操作性等原则，构建包含1个目标层指标、3个系统层指标、8个状态层指标和22个基础指标层指标在内的海南省海洋生态经济系统发展水平评价指标体系，并计算海洋生态经济系统综合协调度，以评价2011—2021年海南省海洋生态经济系统的发展状态和协调程度。海洋经济和海洋社会子系统数据来源于历年《海南统计年鉴》《海南省国民经济和社会发展统计公报》《海南省海洋经济统计公报》《中国海洋经济统计公报》《中国海洋统计年鉴》等，海洋生态子系统数据来源于历年《海南省环境统计年报》《海南省海洋环境状况公报》《中国海平面公报》和海南省生态环境监测网络。

（一）海洋生态经济系统指标权重计算方法

将各指标原始数据标准化处理后，运用熵值法确定指标权重（表3-2-1）。

表3-2-1　海南省海洋生态经济系统发展状态评价指标体系

目标层	系统层	状态层	基础指标层	指标属性
海洋生态经济系统发展水平	海洋生态子系统	海洋生态条件	近岸海域优良水质点位比例	正向
			人均海水产品产量	正向
			西沙群岛珊瑚礁珊瑚覆盖度	正向
			海南岛东海岸珊瑚覆盖度	正向
			海南岛东海岸海草覆盖度	正向

续表

目标层	系统层	状态层	基础指标层	指标属性
海洋生态经济系统发展水平	海洋生态子系统	海洋生态压力	入海河流优良水质比例	正向
			单位面积工业废水排放量	负向
			单位面积工业固体废物产生量	负向
			海平面上升	负向
		海洋生态响应	环保投入占 GDP 比重	正向
	海洋经济子系统	海洋经济规模	人均海洋生产总值	正向
			海洋生产总值占 GDP 比重	正向
			人均固定资产投资	正向
		海洋经济结构	海洋第二产业比重	负向
			海洋第三产业比重	正向
		海洋经济活力	海洋产业区位商	正向
	海洋社会子系统	社会人口	人口密度	负向
			城镇化水平	正向
		生活质量	城镇居民人均可支配收入	正向
			城镇居民人均消费总额	正向
			人均用电量	正向
			农村居民家庭恩格尔系数	负向

（二）海洋生态经济系统发展水平评价方法

运用综合评价模型测算各子系统及复合系统的发展水平，按照表 3-2-2 评价海洋生态经济发展状态。

表 3-2-2　海洋生态经济发展状态评价标准

评定系数	<0.3	0.3～0.55	0.55～0.8	>0.8
等级标准	差	一般	良好	优异

海南省海洋生态经济系统发展水平计算公式为

$$A=\mu_1A_1+\mu_2A_2+\mu_3A_3$$

式中，A_1、A_2、A_3——海洋生态子系统、海洋经济子系统和海洋社会子系统的发展水平；

μ_1、μ_2、μ_3——各子系统在复合系统发展水平中所占比重。

海洋生态子系统发展水平：

$$A_1=\sum_{p=1}^{n_1}\mu_p\sum_{i=1}^{m_1}\mu_i r_{ij}$$

式中，μ_p——海洋生态子系统中第 p 个状态层所占权重；

n_1——海洋生态子系统中状态层个数；

r_{ij}——海洋生态子系统中第 p 个状态层第 i 项指标第 j 年的标准化值；

μ_i——海洋生态子系统中第 p 个状态层第 i 个基础指标所占权重；

m_1——第 p 个状态层基础指标数。

同理可得海洋经济子系统和海洋社会子系统发展水平。

（三）海洋生态经济系统协调度评价方法

运用环境经济协调度模型测算两两子系统之间的协调度和复合系统的综合协调度，按照表 3-2-3 评价发展协调度。

表 3-2-3　复合系统发展协调度评价标准

协调度指数	0～0.09	0.1～0.19	0.2～0.29	0.3～0.39	0.4～0.49
等级标准	极度失调衰退	严重失调衰退	中度失调衰退	轻度失调衰退	濒临失调衰退
协调度指数	0.5～0.59	0.6～0.69	0.7～0.79	0.8～0.89	0.9～1
等级标准	勉强协调发展	初级协调发展	中级协调发展	良好协调发展	优质协调发展

海南省海洋生态经济系统协调度：

$$C=\sqrt[3]{C_1\cdot C_2\cdot C_3}$$

式中，C_1、C_2、C_3——海洋生态子系统与海洋经济子系统之间的协调度、海洋经济子系统与海洋社会子系统之间的协调度、海洋生态子系统与海洋社会子系统之间的协调度。

两两子系统之间的协调度：

$$C_1=\left\{\left[f(p)\cdot g(t)\right]\Big/\left[\frac{f(p)+g(t)}{2}\right]^2\right\}^2$$

$$f(p)=\sum_{i=1}^{m}\alpha_i p_i\quad g(t)=\sum_{j=1}^{n}\beta_j t_j$$

式中，α_i、β_j——海洋生态子系统、海洋经济子系统的基础指标权重；

p_i、t_j——海洋生态子系统和海洋经济子系统标准化后的指标值；

C_1——海洋生态子系统与海洋经济子系统之间的协调度，$0 \leqslant C_1 \leqslant 1$。

同理可得海洋经济子系统与海洋社会子系统、海洋生态子系统与海洋社会子系统之间的协调度。

二、海洋生态经济系统协调发展水平分析

（一）海洋生态经济系统发展水平

2011—2021 年，海南省海洋生态经济系统综合发展状态呈向好趋势，历经差、一般和良好 3 个阶段，2011—2014 年处于较差状态，2015—2017 年处于一般状态，2018—2021 年处于良好状态（图 3-2-1）。

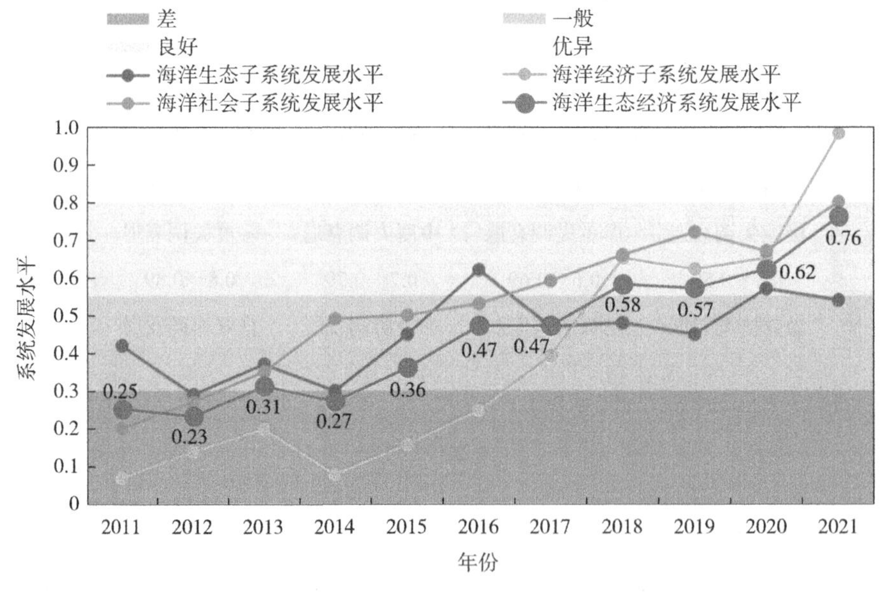

图 3-2-1　2011—2021 年海南省海洋生态经济系统发展水平

海南省海洋生态经济系统综合发展水平由 2011 年的 0.25 上升到 2021 年的 0.76，年增长率为 11.8%。2011—2014 年发展水平总体变化不大，2014—2016 年、2017—2018 年、2020—2021 年以平均每年 0.1 左右的速度稳步提升。这表明海南省海洋生态经济虽起步较晚，但由于具有得天独厚的海洋环境资源和良好的海洋文化，加上对发展海洋经济的高度重视，自然资源优势在政策利好形势下得到较好的开发和利用，海洋生态、海洋经济和海洋社会共同发展。

从各子系统发展状态来看，海洋经济子系统和海洋社会子系统发展水平均有大幅提升，均已发展至优异状态；相比之下，海洋生态子系统发展水平呈波动上升趋势，仅 2016 年和 2020 年处于良好状态，2012 年处于差状态，其余年份均处于一般状态。

海洋经济子系统发展水平总体呈上升趋势，除 2014 年出现下降，其余年份均上升，主要是因为 2014 年海洋生产总值占 GDP 比重和海洋产业区位商最低，海洋第二产业比重最高，海洋经济增速和海洋产业结构相对较差。随着海洋经济增速的加快和海洋产业结构的逐步优化，发展水平明显好转，到 2021 年达到峰值，为 0.98。2021 年自贸港政策的进一步推进让海南省经济得到了飞速发展，使当年发展水平提升了一个等级，由 2020 年的良好（0.65）上升至优异（0.98），年增长率达 50.8%。

海洋社会子系统发展水平总体呈逐年上升趋势，2019—2020 年呈下降趋势，2020—2021 年与 2011—2014 年年均上升幅度差不多，均大于 2014—2019 年的年均上升幅度，表明海南省城镇化水平和人民生活质量都在稳步提升。

海洋生态子系统发展水平处于波动变化，总体保持稳定上升。2016 年和 2020 年处于良好状态，2012 年处于差状态，其余年份均处于一般状态。峰值出现在 2016 年，为 0.62，2016—2019 年小幅下降，2020 年有所回升，2021 年小幅下降。2016 年达到峰值主要是因为当年人均海水产品产量最高，单位面积工业废水排放量和单位面积工业固体废物产生量最低，海洋生态环境污染物输入量小。从海洋生态子系统各指标变化情况来看，11 年间近岸海域水质优良比例维持较高水平。西沙群岛珊瑚礁覆盖度大幅上升，海南岛东海岸珊瑚覆盖度保持稳定、海南岛东海岸海草床生态系统海草呈恢复状态，海平面上升幅度有所下降，从而使得海洋生态子系统发展稳定。但入海河流优良水质比例显著下降、人均海水产品产量降低、环保投入占 GDP 比重减小，导致海洋生态环境所承载的压力越来越大，影响了海洋生态子系统的发展。

（二）海洋生态经济系统协调度

2011—2021 年，海南省海洋生态经济复合系统发展协调度呈波动变化趋势，处于较高水平，表明海南省海洋生态经济系统各子系统相互配合、相互支持、相对协调。2011—2019 年，海南省海洋生态经济复合系统发展协调度由 2011 年的 0.41 增长到 2019 年的 0.99，年增长率为 11.6%；2019—2021 年海洋生态经济复合系统发展协调度由 0.99 下降至 0.87。

2011—2012 年发展协调度急剧上升，由濒临失调衰退上升为良好协调发展；2013 年保持良好协调发展；2014 年发展协调度急剧下降，变为勉强协调发展；2014—2015 年大幅上升，由勉强协调发展上升为中级协调发展；2016 年保持中级协调发展，2016—2017 年大幅上升，由中级协调发展上升为优质协调发展；2017—2020 年稳定为优质协调发展；2020—2021 年缓慢下降，由优质协调发展下降为良好协调发展。

2011—2012 年由于人均海洋生产总值低、人均固定资产投资低、城镇化水平低、城镇居民人均可支配收入低、城镇居民人均消费总额低、人均用电量低、农村居民家庭恩格尔系数高，海南省海洋经济发展与海洋社会进步速度均较缓慢，海洋经济社会发展对海洋生态产生的胁迫作用较小，海洋生态对海洋经济社会发展的约束作用不明显，海洋经济与生态子系统、海洋社会与生态子系统的协调度处于同步协调阶段；2012—2016 年伴随海洋经济的增长与社会进步，海洋经济与生态子系统、海洋社会与生态子系统的协调度出现拮抗现象；2016—2020 年综合协调度稳定在 0.9 以上，处于优质协调发展阶段；2021 年综合协调度下降至 0.87，处于良好协调发展阶段。2021 年海洋生态子系统基本保持稳定，而海洋经济子系统与海洋社会子系统发展水平快速提升，海洋经济与生态子系统、海洋社会与生态子系统的协调度出现拮抗现象（图 3-2-2）。

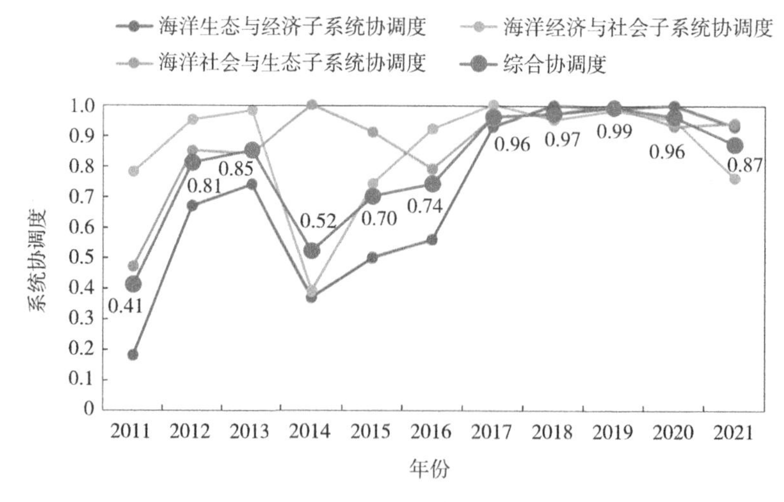

图 3-2-2　2011—2021 年海南省海洋生态经济系统协调度

第三章　生态环境质量与气候气象关联分析

一、分析方法与指标

斯皮尔曼相关系数对原始数据的选取、相关形式及分布类型均无要求，通常用于度量变量间单调相关或等级相关性的强弱，其通用性及稳健性较好。

运用 SPSS 25.0 软件计算斯皮尔曼相关系数和显著性。气候气象数据来源于海南气象信息服务网，生态环境质量数据来源于海南省生态环境监测网络数据。采用 2021 年 1—12 月海南省各市县环境空气主要污染物浓度和降水量进行环境空气质量与气候气象的相关性分析，采用 2021 年 1—12 月海南省河流、湖库主要污染物浓度和降水量进行地表水环境质量与气候气象的相关性分析。

二、生态环境质量与气候气象相关性分析

（一）环境空气质量与降水量相关性分析

2021 年 1—12 月海南省各市县环境空气质量和降水量的相关性分析结果表明，环境空气主要污染物浓度与降水量基本呈负相关。$PM_{2.5}$、PM_{10}、O_3、NO_2、CO 与降水量呈显著负相关，相关系数分别为 −0.627、−0.624、−0.512、−0.416、−0.303；SO_2 与降水量的相关性不显著（表 3-3-1）。

可见海南省各市县环境空气主要污染物浓度受降水量影响较为明显，降雨充沛有利于污染物的沉降，污染物浓度下降。

表 3-3-1　2021 年 1—12 月海南省环境空气质量与降水量相关性分析

指标	$PM_{2.5}$	PM_{10}	O_3	SO_2	NO_2	CO
斯皮尔曼相关系数	−0.627**	−0.624**	−0.512**	−0.015	−0.416**	−0.303**
显著性（双尾）	0.000	0.000	0.000	0.832	0.000	0.000

注：** 表示在 0.01 级别（双尾），相关性显著。

（二）地表水环境质量与降水量相关性分析

2021 年 1—12 月海南省地表水环境质量和降水量的相关性分析结果表明，河流高锰酸盐指数、化学需氧量、总磷和湖库高锰酸盐指数浓度与降水量呈显著正相关，相关系数分别为 0.909、0.811、0.783、0.776；河流氨氮和湖库化学需氧量、总磷、氨氮浓度与降水量的相关性不显著（表 3-3-2）。

可见海南省河流主要污染物高锰酸盐指数、化学需氧量、总磷浓度和湖库主要污染物高锰酸盐指数受降水量影响较为明显，降雨冲刷带入地表径流影响，造成污染物短期内上升。

表 3-3-2　2021 年 1—12 月海南省地表水环境质量与降水量相关性分析

指标	河流				湖库			
	高锰酸盐指数	化学需氧量	总磷	氨氮	高锰酸盐指数	化学需氧量	总磷	氨氮
斯皮尔曼相关系数	0.909**	0.811**	0.783**	−0.175	0.776**	0.427	0.392	0.322
显著性（双尾）	0.000	0.001	0.003	0.587	0.003	0.167	0.208	0.308

注：** 表示在 0.01 级别（双尾），相关性显著。

第四章　生态环境质量与能源消耗关联分析

一、分析方法与指标

斯皮尔曼相关系数对原始数据的选取、相关形式及分布类型均无要求，通常用于度量变量间单调相关或等级相关性的强弱，其通用性及稳健性较好。

运用 SPSS 25.0 软件计算斯皮尔曼相关系数和显著性。能源消耗数据来源于历年海南统计年鉴、海南统计月报，生态环境质量数据来源于海南省生态环境监测网络数据。采用 2021 年 1—12 月海南省各市县环境空气主要污染物浓度和规模以上工业能源消费量、2015—2021 年海南省环境空气主要污染物浓度和清洁能源发电量占比进行环境空气质量与能源消耗的相关性分析。

二、环境空气质量与能源消耗相关性分析

（一）环境空气质量与工业能源消费量相关性分析

2021 年 1—12 月海南省各市县环境空气质量和能源消耗的相关性分析结果表明，PM_{10}、SO_2、NO_2 与规模以上工业能源消费量呈正相关，相关系数分别为 0.164、0.191、0.153；$PM_{2.5}$、O_3、CO 与规模以上工业能源消费量的相关性不显著（表 3-4-1）。

可见海南省各市县环境空气主要污染物 PM_{10}、SO_2、NO_2 浓度受工业能源消费影响较为明显，工业生产消耗能源越多，排入大气环境的 SO_2、NO_2 和颗粒物越多，相应污染物浓度越高。

表 3-4-1　2021 年 1—12 月海南省环境空气质量与规模以上工业能源消费量相关性分析

指标	$PM_{2.5}$	PM_{10}	O_3	SO_2	NO_2	CO
斯皮尔曼相关系数	0.061	0.164*	0.109	0.191*	0.153*	−0.069
显著性（双尾）	0.417	0.028	0.144	0.010	0.040	0.356

注：* 表示在 0.05 级别（双尾），相关性显著。

（二）环境空气质量与清洁能源发电量占比相关性分析

2015—2021 年海南省环境空气质量和能源消耗的相关性分析结果表明，$PM_{2.5}$、PM_{10} 与清洁能源发电量占比呈显著负相关，相关系数均为 -0.879；NO_2 与清洁能源发电量占比呈负相关，相关系数为 -0.791；SO_2 与清洁能源发电量占比呈正相关，相关系数为 0.866；O_3、CO 与规模以上工业能源消费量的相关性不显著（表 3-4-2）。

可见海南省环境空气主要污染物 $PM_{2.5}$、PM_{10}、NO_2 浓度受清洁能源发电量占比影响较为明显，随着清洁能源岛的推进，清洁能源发电量占比逐步由 2015 年的 10.9% 上升至 2021 年的 45.2%，污染物排放总量减少，污染物浓度随之下降。

表 3-4-2　2015—2021 年海南省环境空气质量与清洁能源发电量占比相关性分析

指标	$PM_{2.5}$	PM_{10}	O_3	SO_2	NO_2	CO
斯皮尔曼相关系数	-0.879**	-0.879**	0.432	0.866*	-0.791*	-0.748
显著性（双尾）	0.009	0.009	0.333	0.012	0.034	0.053

注：* 表示在 0.05 级别（双尾），相关性显著；** 表示在 0.01 级别（双尾），相关性显著。

第五章　生态环境质量与城市发展关联分析

一、分析方法与指标

斯皮尔曼相关系数对原始数据的选取、相关形式及分布类型均无要求，通常用于度量变量间单调相关或等级相关性的强弱，其通用性及稳健性较好。

运用 SPSS 25.0 软件计算斯皮尔曼相关系数和显著性。城市发展数据来源于历年《海南统计年鉴》《海南省国民经济和社会发展统计公报》，生态环境质量数据来源于海南省生态环境监测网络数据。采用 2011—2021 年海南省区域昼间平均等效声级和城镇化率、道路交通昼间平均等效声级和公路总里程进行声环境质量与城市发展的相关性分析。

二、声环境质量与城市发展相关性分析

（一）区域声环境质量与城镇化率相关性分析

2011—2021 年海南省区域声环境质量和城市发展的相关性分析结果表明，全省区域昼间平均等效声级与城镇化率呈显著正相关，相关系数为 0.790（表 3-5-1）。

可见海南省区域声环境质量受城镇化率影响较为明显，随着城镇化建设的推进，全省城镇化率逐步由 2011 年的 50.5% 上升至 2021 年的 61.0%。随着城市人口的不断增加，社会生活带来的噪声污染也逐渐增多，区域昼间平均等效声级上升（图 3-5-1）。

表 3-5-1　2011—2021 年海南省区域声环境质量与城镇化率相关性分析

指标	海南省区域昼间平均等效声级
斯皮尔曼相关系数	0.790**
显著性（双尾）	0.004

注：** 表示在 0.01 级别（双尾），相关性显著。

（二）道路交通声环境质量与公路总里程相关性分析

2011—2021 年海南省道路交通声环境质量和城市发展的相关性分析结果表明，全省道路交通昼间平均等效声级与公路总里程呈显著负相关，相关系数均为 -0.900（表 3-5-2）。

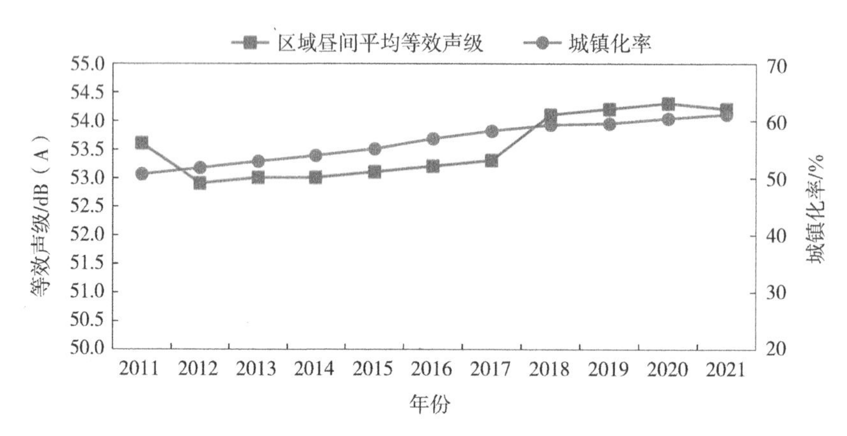

图 3-5-1　2011—2021 年海南省区域昼间平均等效声级与城镇化率变化

可见海南省道路交通声环境质量受公路总里程影响较为明显，通过不断优化完善路网，延长、加宽各路段，增加新的路线来减缓道路交通拥堵压力，道路交通噪声影响总体得到有效控制。近年来道路交通声环境监测点位也随着路网建设不断优化调整，道路交通昼间平均等效声级下降（图 3-5-2）。

表 3-5-2　2011—2021 年海南省道路交通声环境质量与公路总里程相关性分析

指标	海南省道路交通昼间平均等效声级
斯皮尔曼相关系数	-0.900**
显著性（双尾）	0.000

注：** 表示在 0.01 级别（双尾），相关性显著。

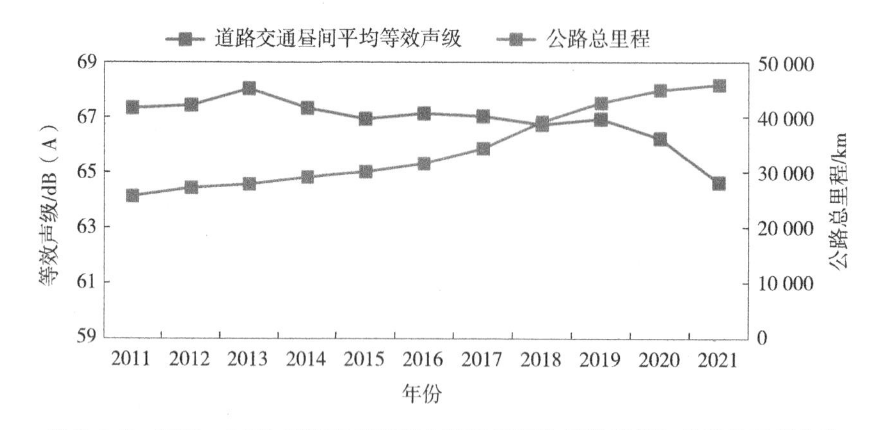

图 3-5-2　2011—2021 年海南省道路交通昼间平均等效声级与公路总里程变化

第六章　环境空气质量与环保措施关联分析

一、大气环境质量专项督导情况

为强化空气质量保障，进一步改善海南省环境空气质量，加强环境空气质量预报预警和评价研判，提升大气污染防治工作水平，确保环境空气质量只能更好，不能变差，海南省生态环境厅于2021年4月开始发布实施由“监测与问题发现—预警预报—评价研判—工作响应”组成的大气污染防治全链条响应工作制度。海南省污染防治工作领导小组对各市县下达了2021年5—12月空气质量改善目标，对未完成月度任务和序时累计任务的市县进行约谈，压实各市县主体责任，并于2021年9月起分批次、分时段开展改善大气环境质量专项督导。通过环境监测预警预报、污染问题及时识别、污染快速解析溯源、现场帮扶指导各市县等手段支撑各市县大气污染防治工作和提高精细化治理水平。

截至2021年11月，督导检查组在第一批次督导市县中发现问题污染源1 627个，各市县对辖区内各类大气污染源进行了全面排查整治。海南省在前期排查的基础上启动了专项强化督导，重点核查第一轮督导发现问题的整改情况，保证大气污染问题整改事项件件有落实，空气质量得到改善。

二、分析方法与指标

运用SPSS 25.0软件进行正态性检验和非参数检验，数据来源于海南省生态环境监测网络数据。海南省$PM_{2.5}$、PM_{10}、O_3浓度正态性检验的P值均小于0.05，不符合正态分布，因此适用非参数相关分析和差异性检验。在2019—2021年9—11月海南省环境空气主要污染物浓度变化对比的基础上，采用2015—2021年9—11月海南省环境空气污染物浓度日均值数据进行Mann-Whitney U检验，以验证大气环境质量专项督导工作是否对海南省环境空气质量有显著改善成效。

三、大气环境质量专项督导成效分析

(一) 2019—2021 年月均浓度对比分析

2021 年 9—11 月，海南省 $PM_{2.5}$ 月均浓度分别为 8 μg/m³、9 μg/m³、18 μg/m³。与 2020 年同期相比，2021 年 9 月 $PM_{2.5}$ 月均值浓度持平，10 月 $PM_{2.5}$ 月均浓度下降 6 μg/m³，11 月 $PM_{2.5}$ 月均浓度下降 3 μg/m³；与 2019 年同期相比，2021 年 9 月 $PM_{2.5}$ 月均浓度下降 10 μg/m³，10 月 $PM_{2.5}$ 月均浓度下降 10 μg/m³，11 月 $PM_{2.5}$ 月均浓度下降 7 μg/m³（图 3-6-1）。

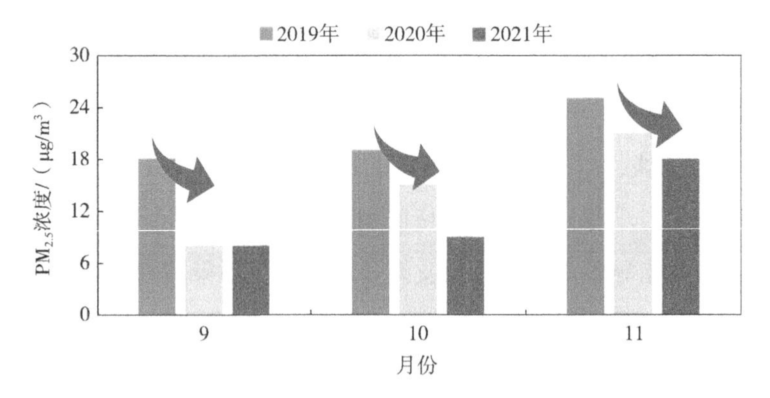

图 3-6-1　2019—2021 年 9—11 月海南省 $PM_{2.5}$ 月均浓度变化

2021 年 9—11 月，海南省 PM_{10} 月均浓度分别为 17 μg/m³、18 μg/m³、33 μg/m³。与 2020 年同期相比，2021 年 9 月 PM_{10} 月均值浓度持平，10 月 PM_{10} 月均浓度下降 9 μg/m³，11 月 PM_{10} 月均浓度下降 4 μg/m³；与 2019 年同期相比，2021 年 9 月 PM_{10} 月均浓度下降 14 μg/m³，10 月 PM_{10} 月均浓度下降 14 μg/m³，11 月 PM_{10} 月均浓度下降 9 μg/m³（图 3-6-2）。

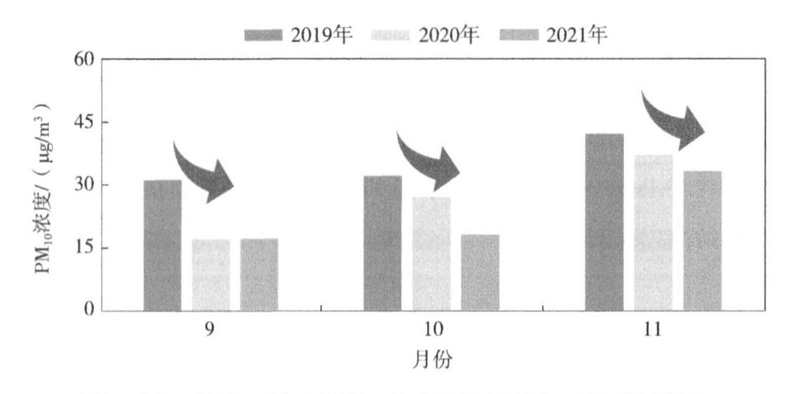

图 3-6-2　2019—2021 年 9—11 月海南省 PM_{10} 月均浓度变化

2021 年 9—11 月，海南省 O_3 月均浓度分别为 65 μg/m^3、95 μg/m^3、137 μg/m^3。与 2020 年同期相比，2021 年 9 月 O_3 月均浓度上升 6 μg/m^3，10 月 O_3 月均浓度下降 25 μg/m^3，11 月 O_3 月均浓度下降 4 μg/m^3；与 2019 年同期相比，2021 年 9 月 O_3 月均浓度下降 87 μg/m^3，10 月 O_3 月均浓度下降 32 μg/m^3，11 月 O_3 月均浓度下降 16 μg/m^3（图 3-6-3）。

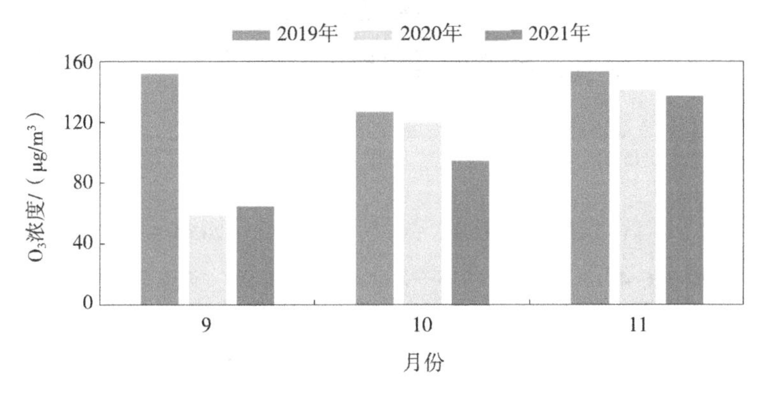

图 3-6-3 2019—2021 年 9—11 月海南省 O_3 月均浓度变化

（二）2015—2021 年日均浓度差异性分析

2021 年 9—11 月海南省 $PM_{2.5}$、PM_{10} 日均浓度和 O_3 日最大 8 h 平均浓度与 2015—2020 年同期均值的 Mann-Whitney U 检验结果表明，2021 年 9—11 月全省 $PM_{2.5}$、PM_{10} 日均浓度和 O_3 日最大 8 h 平均浓度水平与 2015—2020 年同期浓度水平有显著差异（表 3-6-1）。

表 3-6-1 2021 年与 2015—2020 年海南省 $PM_{2.5}$、PM_{10}、O_3 浓度差异性检验结果

序号	零假设	检验	显著性	决策者
1	2021 年 9—11 月与 2015—2020 年 9—11 月，$PM_{2.5}$ 的分布相同	独立样本 Mann-Whitney U 检验	0.000	拒绝零假设
2	2021 年 9—11 月与 2015—2020 年 9—11 月，PM_{10} 的分布相同	独立样本 Mann-Whitney U 检验	0.000	拒绝零假设
3	2021 年 9—11 月与 2015—2020 年 9—11 月，O_3 的分布相同	独立样本 Mann-Whitney U 检验	0.007	拒绝零假设

2021 年 9—11 月全省 $PM_{2.5}$、PM_{10} 日均浓度和 O_3 日最大 8 h 平均浓度水平显著低于 2015—2020 年 9—11 月，说明 2021 年易出现不利气象条件的时段，通过大气环境质量专

项督导工作，本地污染排放基本得到控制，颗粒物浓度达到历史同期较高水平，大气环境质量专项督导工作对颗粒物污染治理成效显著，但 O_3 浓度下降幅度相对较小，仍需进一步研究和管控（图 3-6-4～图 3-6-6）。

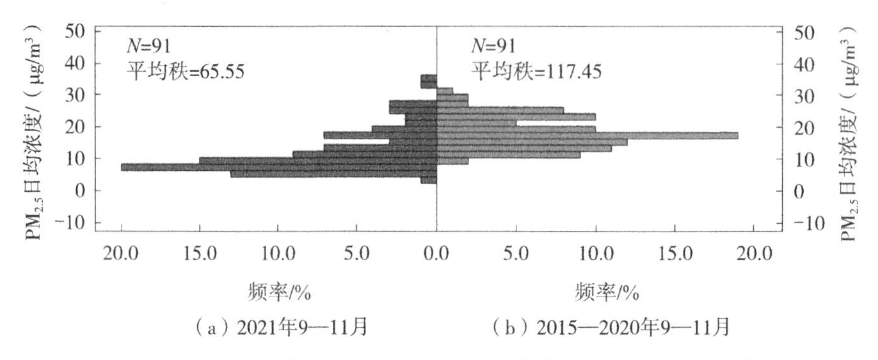

图 3-6-4　2021 年与 2015—2020 年海南省 $PM_{2.5}$ 浓度频率分布

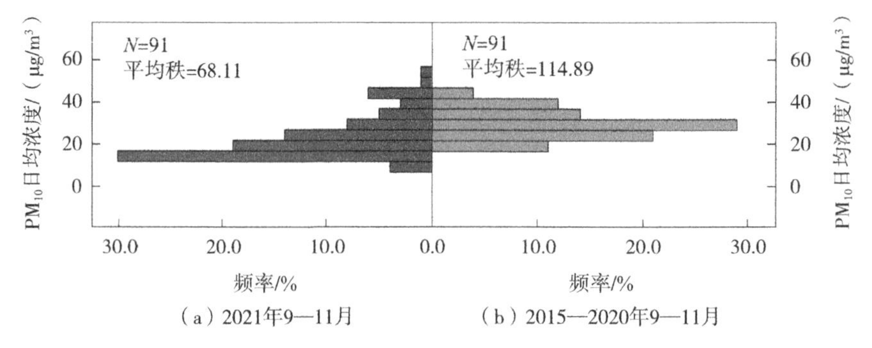

图 3-6-5　2021 年与 2015—2020 年海南省 PM_{10} 浓度频率分布

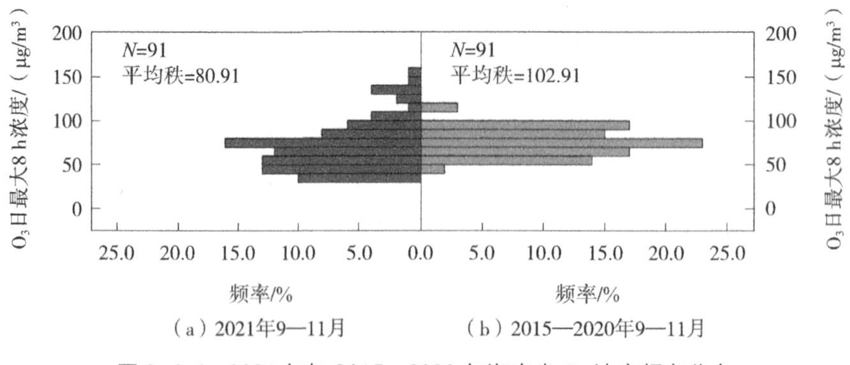

图 3-6-6　2021 年与 2015—2020 年海南省 O_3 浓度频率分布

第七章　生态环境质量与污染排放空间关联分析

一、分析方法与指标

为分析海南省生态环境质量与污染排放空间关联性，对以 19 个市县为基础单元的污染排放和环境质量指标分别做聚类分析，运用 *K* 均值法得出聚类结果，根据各指标数值的大小顺序将分类结果划分为低、中、高 3 个级别，再将环境质量和污染排放各指标分区结果综合叠加分析。借助 GIS 空间插值法将叠加结果进行采用反距离加权、克里金等空间插值的方法，将聚类结果进行插值空间分析。污染排放选取废气和废水排放两个方面，包括二氧化硫排放量、氮氧化物排放量、废水排放量、化学需氧量排放量、氨氮排放量 5 个指标，环境子系统从环境空气、地表水、声环境 3 个要素选取环境空气综合指数、城市水环境指数、区域噪声和道路噪声 4 个指标。数据来源于 2021 年海南省环境统计和生态环境监测网络数据。

二、生态环境质量与污染排放空间关联分析结果

在污染排放和环境质量指标关联空间分区基础上，结合监测点位数据，叠加环境质量指标空间展布的高值区，综合判别环境质量和污染排放分区的空间耦合特征。环境质量高值区主要在污染排放的高值区，集中在省会海口市，其他中低值区变化特征耦合性不高。环境质量各要素的分区差异较大。污染排放和环境质量聚类分区叠加结果高值区基本集中在海口市、东方市、昌江县和儋州市，环境质量和污染排放的聚类结果基本都为高分值区。三沙市、五指山市、乐东县和白沙县的污染排放和环境质量聚类分析结果均属于低值区。

从空间聚类分析结果看，2021 年，污染排放相对较高且环境质量相对较差的区域集中在海口市、东方市和昌江县，污染排放较少且环境质量较好的区域集中在三沙市、五指山市和乐东县（表 3-7-1）。

表 3-7-1　2021 年海南省生态环境质量和污染排放聚类分析结果

序号	名称	环境空气综合指数	城市水环境指数	区域噪声	道路噪声	二氧化硫排放量	氮氧化物排放量	废水排放量	化学需氧量排放量	氨氮排放量
1	万宁市	中	低	低	中	低	低	低	低	低
2	三亚市	低	低	低	高	低	低	低	中	低
3	东方市	高	高	低	低	中	中	高	高	高
4	临高县	高	中	中	低	低	低	低	低	低
5	乐东县	低	低	低	低	低	低	低	中	低
6	五指山市	低	低	低	中	低	低	低	低	低
7	保亭县	低	低	中	高	低	低	低	低	低
8	儋州市	高	中	中	高	低	低	低	中	中
9	定安县	高	中	低	低	低	低	低	中	低
10	屯昌县	中	中	低	低	低	低	低	低	低
11	文昌市	中	高	低	高	低	低	低	低	低
12	昌江县	高	低	高	中	高	高	高	中	低
13	海口市	高	中	高	高	低	低	高	高	高
14	澄迈县	中	低	低	低	中	低	中	中	中
15	琼中县	低	低	中	高	低	低	低	低	低
16	琼海市	中	中	低	高	低	低	低	中	高
17	白沙县	中	低	低	中	低	低	低	低	低
18	陵水县	低	低	高	中	低	低	低	低	低
19	三沙市	低	低	低	低	低	低	低	低	低

第四篇
总　结

第一章　生态环境质量综述

第一节　生态环境质量结论

2021 年，海南省生态环境质量总体呈改善趋势。全省环境空气质量总体优良，$PM_{2.5}$ 浓度保持历史最低水平，酸雨频率略有下降，地表水水质总体为优，城市（镇）集中式饮用水水源地水质全部达标，地下水水质总体较好，近岸海域水质总体为优，典型海洋生态系统处于健康或亚健康状态，生态质量综合评价为一类，声和辐射环境质量总体良好。

一、环境空气质量保持优良，酸雨频率略有下降

2021 年，海南省环境空气优良天数比例为 99.4%。SO_2、NO_2、PM_{10}、$PM_{2.5}$ 年均浓度及 CO 第 95 百分位数浓度达到一级标准，O_3 第 90 百分位数浓度接近一级标准。全省 19 个市县环境空气质量均明显优于二级标准，其中 3 个市县达到一级标准，海南岛西部、北部区域主要污染物 $PM_{2.5}$、O_3、PM_{10} 浓度相对较高。全省降水 pH 年均值为 5.93，酸雨发生频率为 6.4%，集中出现在春、冬季节，8 个市县监测到酸雨，酸雨 pH 年均值为 5.08。

与 2020 年相比，2021 年海南省环境空气优良天数比例下降 0.1 个百分点，O_3 浓度上升 6 $\mu g/m^3$，CO 浓度下降 0.1 mg/m^3，$PM_{2.5}$、PM_{10}、SO_2 和 NO_2 浓度持平。全省降水 pH 年均值上升了 0.15，酸雨发生频率下降 0.3 个百分点，酸雨 pH 年均值上升了 0.16。

2016—2021 年，海南省环境空气优良天数比例保持在 98% 左右；$PM_{2.5}$ 浓度呈下降趋势，近两年达到一级标准且保持历史最低，O_3 浓度呈波动上升趋势，PM_{10} 浓度呈波动下降趋势，SO_2、NO_2、CO 浓度均在较低浓度水平波动。全省降水 pH 年均值无显著变化趋势，酸雨频率呈波动下降趋势。

二、地表水水质保持为优，饮用水水源地水质稳定达标，地下水水质总体较好

2021 年，海南省地表水水质总体为优，水质优良比例为 92.2%，劣Ⅴ类水质比例为 1.6%；南渡江流域、昌化江流域和南部诸河、南海各岛诸河水质为优，万泉河流域和西北部诸河水质良好，东北部诸河水质轻度污染；41 个主要湖库中，92.7% 的湖库水质优良，38 个湖库呈贫营养或中营养状态；超Ⅲ类断面（点位）主要污染指标为总磷、化学需氧量、高锰酸盐指数。全省城市（镇）集中式饮用水水源地水质达标率为 100%。全省地下水水质总体较好，Ⅱ～Ⅳ类水质点位比例为 87.7%。

与 2020 年相比，2021 年海南省地表水水质保持为优，水质优良比例上升 1.5 个百分点，劣Ⅴ类水质比例上升 1.1 个百分点。全省城市（镇）集中式饮用水水源地水质达标率持平。

2016—2021 年，海南省地表水水质持续为优，水质优良比例在 90.1%～94.4% 范围内小幅波动，劣Ⅴ类水质比例在 0.5%～1.6% 范围内波动。全省河流各水质类别比例和综合污染指数无显著变化趋势。全省湖库水质优良比例上升趋势显著，湖库综合污染指数无显著变化趋势。

三、近岸海域水质保持为优，典型海洋生态系统稳定

2021 年，海南省近岸海域水质为优，以一类海水为主，优良水质面积比例为 99.77%，劣四类水质面积比例为 0.07%。西沙群岛、海南岛东海岸珊瑚礁生态系统均处于健康状态，海南岛东海岸海草床生态系统处于亚健康状态。国家重点海水浴场水质状况等级、水质年度综合评价等级、健康风险等级均为优，海洋垃圾以塑料类为主，三大流域入海口均检出微塑料。20 个重点港湾近岸海域各项监测指标满足“湾长制”水质目标要求，5 个重点港湾个别时段个别指标未能满足“湾长制”水质目标要求。

与 2020 年相比，2021 年海南省近岸海域水质保持为优，优良水质面积比例下降了 0.11 个百分点，劣四类水质面积比例上升了 0.05 个百分点。西沙群岛、海南岛东海岸珊瑚礁生态系统均保持健康状态，海南岛东海岸海草床生态系统保持亚健康状态，海水浴场水质保持稳定，三亚湾海洋垃圾密度下降。

2016—2021 年，海南省近岸海域水质保持为优，优良水质面积比例均保持在 99.00% 以上，劣四类水质面积比例呈先上升后下降趋势。西沙群岛活珊瑚平均覆盖度上升，海南岛东海岸、西海岸活珊瑚平均覆盖度基本稳定，海南岛东海岸海草平均覆盖度在 2021 年

大幅上升，典型海洋生态系统均有一定的恢复态势。海水浴场水质优良天数比例保持100%，近3年三亚湾海洋垃圾密度有所下降。

四、声环境质量总体保持良好，功能区声环境达标率略有上升

2021年，海南省区域昼间声环境质量总体较好，平均等效声级为54.2 dB（A），声源构成中社会生活噪声贡献最大，11个市县区域昼间声环境质量为较好（二级），7个市县区域昼间声环境质量为一般（三级）。全省道路交通昼间声环境质量总体为好，平均等效声级为64.6 dB（A），17个市县道路交通昼间声环境质量为好（一级），1个市县道路交通昼间声环境质量为较好（二级）。全省各类功能区昼间、夜间噪声平均等效声级均符合功能区标准，昼间总点次达标率为92.7%，夜间总点次达标率为83.8%。

与2020年相比，2021年海南省区域昼间声环境质量保持为较好，平均等效声级下降0.1 dB（A）。全省道路交通昼间声环境质量保持为好，平均等效声级下降1.6 dB（A）。相同测点功能区声环境昼间、夜间总点次达标率分别上升4.0个百分点、3.4个百分点。

2016—2021年，海南省区域昼间声环境质量保持为较好，平均等效声级上升趋势显著，噪声声源构成变化不大。全省道路交通昼间声环境质量保持为好，平均等效声级下降趋势显著。

五、生态质量综合评价为一类，同比基本稳定

2021年，海南省生态质量综合评价为一类，自然生态系统覆盖比例高、人类干扰强度低、生物多样性丰富、生态结构完整、系统稳定、生态功能完善。与2020年相比，2021年全省生态质量基本稳定。

六、辐射环境质量总体良好，辐射水平低于国家标准或控制限值

2021年，海南省辐射环境质量总体良好。环境γ辐射空气吸收剂量率和环境介质中天然放射性核素活度浓度均处于本底涨落范围内，人工放射性核素活度浓度未见异常。环境电磁辐射水平低于国家规定的电磁环境控制限值。

与2020年相比，2021年海南省辐射环境质量保持稳定。

七、生态环境质量与社会经济、环保措施等有一定的相关性

生态环境质量不仅受到污染物排放及环保措施的影响，其与社会经济、气候气象、

能源消耗、城市发展均有一定的相关性。社会经济系统与环境系统存在较强关联性，海南省人均 GDP 逐年上升，产业结构不断优化，污染物减排取得一定成效。大气环境质量专项督导工作成效显著。海南省海洋生态经济系统综合发展状态呈向好趋势，处于良好协调发展状态。降水对环境空气主要污染物浓度和地表水有机污染物浓度影响较为明显，能源消耗对环境空气主要污染物浓度影响较为明显，城市发展对声环境质量影响较为明显。

第二节　主要生态环境问题及原因

一、臭氧为影响环境空气质量的主要污染物，季节性污染明显

2021 年，海南省 19 个市县共出现 43 天超标天，除临高县有 1 天超标污染物为 $PM_{2.5}$ 以外，其余超标污染物均为 O_3。同时全省超标污染物为 O_3 的天数比例呈波动上升趋势，2021 年超标污染物为 O_3 的天数比例较 2016 年上升 31.0 个百分点，较 2019 年和 2020 年变化不大，可见 O_3 仍为影响全省环境空气质量的主要污染物。

海南省 O_3 超标主要集中在秋、冬季节（10—12 月）。秋、冬季节气温相对较高、降水减少、日照强、逆温现象增多、扩散条件总体不利，容易生成 O_3，且主导风向由夏季的偏南风转为东北风，也容易受到下沉气流及弱冷空气带来的区域污染传输的共同影响。

二、受污水直排和农业面源污染双重影响，部分水体水质不同程度恶化

2021 年，海南省河流水质呈现“中部优良，沿海局部污染”的分布特征，东北部珠溪河持续重度污染；万泉河流域塔洋河水质恶化明显，由良好恶化为中度污染；南部罗带河水质下降为中度污染；东北部演洲河、文教河及南部东山河水质仍为轻度污染；南渡江流域腰子河、万泉河流域什候河及南部保亭水水质下降为轻度污染。高坡岭水库和湖山水库水质下降为中度污染。

海南省地表水环境质量受到城镇污水直排和农业面源污染的双重挑战。一方面，全省城镇污水收集管网破损严重、收集率低，还存在雨污不分、错接漏接等现象，相当数量的生活污水未经处理直排入河。另一方面，全省农业面源污染断面清洁比例仅为 48.0%，农业面源污染治理体系和精准管控措施还不完善，不少沿河、沿江、沿湖分布的水产养殖尾水和农业种植、畜禽养殖废水未经达标处理直排入河。

三、个别半封闭海湾水质未见改善，陆源污染物难以扩散

2021 年，海南省近岸海域水质以一类水质为主，劣于二类的水质主要分布在封闭或半封闭海湾、入海河口、养殖集中区、港口等近岸海域。万宁小海、文昌八门湾度假旅游区和清澜红树林自然保护区、琼海潭门渔港等近岸海域水质多年劣于二类。

劣于二类水质海域的主要超标指标为活性磷酸盐、化学需氧量、无机氮，呈现生活污水和农业尾水污染特征，污染物在封闭或半封闭的海湾内难以扩散，水体交换不及时，造成海湾水质污染。

四、海洋垃圾仍以塑料类为主，三大流域入海口均检出微塑料

近 3 年三亚湾海域海洋垃圾数量呈下降趋势，海洋垃圾仍以塑料为主。2021 年采集到的海面漂浮垃圾、海滩垃圾、海底垃圾中，塑料类垃圾占比分别为 95.7%、78.4%、83.3%；三大流域入海口均检出微塑料，且离岸越近微塑料密度越大。检出的微塑料成分、颜色与生产生活中常用的塑料制品基本一致。

五、区域声环境平均等效声级显著上升，社会生活噪声影响最大

2016—2021 年，海南省区域昼间声环境质量虽保持较高水平，但平均等效声级上升趋势显著，接近较好等级上限。全省区域声环境质量主要受社会生活噪声影响，占比稳定在 61.0% 以上。

旅游业发展及生活水平提高导致各类声源增加，社会生活噪声声级强度低，声源分布广泛；交通噪声声级强度较高，对城市声环境冲击较大，均为影响城市区域声环境质量的重要因素。

第二章　生态环境质量预测与形势分析

第一节　生态环境质量预测分析

基于灰色预测理论，采用2011—2020年海南省生态环境质量主要指标数据构建均值GM（1，1）模型，预测2021年数据，预测结果与实测结果相比，大部分指标低于预测值，环境空气和声环境质量指标相对误差未超过20.0%，地表水环境质量指标受监测范围扩大影响，相对误差为0～50.0%，该模型对生态环境质量预测的适用性较好。

将2021年实测结果代入模型优化后的预测结果表明，2022年$PM_{2.5}$浓度保持13 μg/m^3，O_3浓度上升至116 μg/m^3，地表水主要污染指标浓度未有明显下降趋势，区域和道路交通昼间平均等效声级略有上升；2025年完成"十四五"规划目标仍有难度。可见，海南省生态环境质量形势较为严峻（表4-2-1）。

表4-2-1　"十四五"时期海南省生态环境质量主要指标预测结果

要素	预测指标	2021年			2022年	2023年	2024年	2025年
		预测结果	实测结果	相对误差/%	预测结果	预测结果	预测结果	预测结果
环境空气	$PM_{2.5}$/（μg/m^3）	15	13	13.3	13	12	11	11
	O_3/（μg/m^3）	115	111	3.5	116	120	124	128
地表水	河流高锰酸盐指数/（mg/L）	3.2	3.2	0.0	3.3	3.3	3.4	3.4
	河流化学需氧量/（mg/L）	12.5	12.7	1.6	12.8	13.0	13.1	13.3
	河流氨氮/（mg/L）	0.26	0.18	30.8	0.22	0.22	0.21	0.20
	河流总磷/（mg/L）	0.092	0.087	5.4	0.093	0.096	0.099	0.102
	湖库高锰酸盐指数/（mg/L）	2.7	2.8	3.7	2.8	2.8	2.8	2.8
	湖库化学需氧量/（mg/L）	10.2	12.7	24.5	11.1	11.1	11.1	11.1
	湖库氨氮/（mg/L）	0.14	0.07	50.0	0.10	0.10	0.09	0.08
	湖库总磷/（mg/L）	0.025	0.030	20.0	0.026	0.026	0.026	0.026
声环境	区域昼间平均等效声级/dB（A）	54.4	54.2	0.4	54.5	54.7	54.9	55.1
	道路交通昼间平均等效声级/dB（A）	66.3	64.6	2.6	65.5	65.2	65.0	64.8

第二节　生态环境质量形势分析

2022 年，海南省生态环境保护工作将置于全省大局中前所未有的位置，也面临着前所未有的责任、挑战和考验。

从国际形势看，全球政治、经济问题与生态环境问题关联度密切、深度交织，在全球新冠肺炎疫情形势复杂多变的情况下，错综复杂的外部环境给全省乃至全国生态环境保护工作都带来了不少挑战。尤其是海南正处于自贸港建设逐步对外开放的时期，面临的挑战相对更大。

从国内形势看，全国经济形势复杂严峻，经济困难增多、下行压力增大，企业环保设备不正常运转、违法超标排污等现象增多。要推动高质量发展，从坚决打好污染防治攻坚战转变为深入打好污染防治攻坚战，要求更高，意味着污染防治触及的矛盾问题层次更深、领域更广，减污与降碳、城市与农村、$PM_{2.5}$ 和 O_3、水环境治理与水生态保护、新污染物治理与传统污染物防治等工作交织，问题更加复杂，难度和挑战前所未有。

从省内形势看，目前海南省已进入自贸港封关运作准备时期，贸易、运输、人员流动逐步自由化、便利化，生物安全、生态安全风险可能进入高发期，风险防控还存在薄弱环节，“绿水青山”转化为“金山银山”的路径还不够多，人民群众获得感还不够强。同时，生态环境现代化治理能力仍显不足，监测监管能力仍有待提升，环境基础设施仍存在突出短板，精准治污、科学治污、依法治污落实还不到位，部分生态环境问题的成因和机理研究不够、认识不透，环境污染的演变规律、传输路径和控制途径等研究有待加强，自贸港绿色低碳发展的生态环境基础还不稳固。

为此，面对新形势下省委、省政府的新期许、自贸港建设的新需要、生态环境部门的新角色，海南省要持之以恒地转作风、强业务、优方法，统筹好自贸港建设和生态环境保护，统筹好生态文明建设和生态环境保护，统筹好抓业务和抓作风，努力保持生态环境质量全国领先，为自贸港封关运作守住生态环境质量底线，奋力推动中国特色自由贸易港建设进入不可逆转的发展轨道。

第三章　对策和建议

2022年是海南省加快推进全岛封关运作准备工作的关键时期，全省生态环境系统要深入贯彻习近平生态文明思想，准确把握“一本三基四梁八柱”战略框架中有关生态文明建设和生态环境保护的任务目标，坚持稳中求进工作总基调，完整、准确、全面贯彻新发展理念，积极融入和服务新发展格局，以推动高质量发展为主题，以高标准建设中国特色自由贸易港为重点，更好统筹新冠肺炎疫情防控、经济社会发展、民生保障和生态环境保护，筑牢“一本三基四梁八柱”战略框架中的国家生态文明试验区“一梁”和生态环境“一柱”。

一、坚持生态立省，建设生态一流、绿色低碳的自由贸易港

一是高水平建设国家生态文明试验区，推进标志性项目。继续推动热带雨林国家公园、清洁能源岛和清洁能源汽车、禁塑、装配式建筑四项标志性工程取得新成效，启动第五项标志性工程“六水共治”。围绕生态产品价值实现、生物多样性保护、海洋碳汇、绿色包装等领域谋划储备新的标志性项目。在禁塑方面，要深入开展全链条治理，健全流通领域特别是输入源头的全面管控机制，积极推动先进海洋环境降解材料研发，减少海洋塑料污染。

二是坚持保护和利用并重，着力在生态产品价值转化上做文章。组织落实好《海南省建立健全生态产品价值实现机制实施方案》。完善生态产品价值实现试点管理，推动完善地方特色生态产品价值核算体系，选取重点区域或地理单元开展GEP核算，推动核算结果进决策、进规划、进项目、进考核。深化生态保护补偿制度改革，扎实推进赤田水库流域生态补偿机制创新试点。

三是争当“双碳”工作优等生，争取在蓝碳研究领域作出海南贡献。严格落实全国碳市场建设与履约要求。建立碳排放总量与强度控制制度。建立并完善碳排放统计核算与监测预报体系，积极建设首个省域应对气候变化智慧管理平台。因地制宜开展低碳试点示范，推进碳捕集、封存与利用（CCUS）等碳减排技术应用，推动海口江东新区、博鳌乐城国际医疗旅游先行区、三亚崖州湾科技城科学创建近零碳排放示范区。加强蓝碳

方法学及标准的研究，实施一批蓝碳先导性项目。配合推进蓝碳增汇示范工程，加强增汇技术成果运用。

二、深入打好蓝天保卫战，持续改善环境空气质量

一是推进细颗粒物和臭氧协同控制。以石化、化工、工业涂装、包装印刷以及油品储运销等行业为重点，开展挥发性有机物重点行业综合整治。推进有条件的市县建设机动车维修集中喷涂中心。加速完成加油站三次油气回收治理。重点加强柴油重卡污染防治，继续推进国三老旧柴油车淘汰。

二是推动大气污染防治更趋精细化。开展冬春大气污染防治攻坚战，组织强有力的专项检查督导。加强精细化管控，做好建筑工地、汽车尾气、道路扬尘“三个面”和烟花爆竹燃放、槟榔土法熏烤、秸秆垃圾露天焚烧“三个点”大气污染防治。打造陵水大气污染防治样板，推广好的经验做法。开展自贸港背景下洋浦船舶大气污染排放影响评估，研究污染控制措施。

三、坚决打好“六水共治”攻坚战，全面提升水环境质量

一是落实治水攻坚责任。围绕“治污水”“优海水”，扎实开展城市黑臭水体整治环境保护专项行动，组织入河、入海排污口排查整治，加强集中式饮用水水源地规范化建设。推进重度污染地表水体综合整治，实施珠溪河、罗带河等水污染治理重点项目。深入推行“湾长制”，实施重点海域综合治理，重点推进万宁小海、老爷海等水质不达标海湾的治理工作。加强入海污染物总量控制，持续推进陆海统筹、河湾共治试点示范建设。

二是补齐纳污量和水容量短板。对建成区污水管网底数进行全面摸排，建立管网台账。加快建成区污水管网建设及雨污分流改造进度，在新城区实现雨污分流，老城区管网应分尽分。科学智慧调度全岛全流域水资源，扩充水体水环境容量。修复梯级开发过度的河道，清退一批功能单一、效率低、效益可替代的水利工程设施，从根源上解决地表水生态系统退化、承载力脆弱、质量下降等问题。

四、着力打好净土保卫战，确保土壤环境和土地利用安全

推动土壤污染防治地方立法。开展农用地周边重金属污染源头防治工作，全面排查涉镉等重金属排放企业和污染源。制定重点建设用地土壤环境准入若干规定，加强用途拟变更为住宅、公共管理与公共服务用地的重点建设用地准入管理，确保重点建设用地

安全利用得到有效保障。全域推进“无废城市”建设。

五、持续打好农业农村污染治理攻坚战，破除农业面源污染痛点

一是统筹农村环境系统治理。推动完善工作机制，统筹农村水、大气、土壤、人居环境系统治理，强化政策保障和成效评估。做深做实6个试点市县的农村生活污水治理建、管、用一体化的全链条工作机制，推广因地制宜科学治理模式。紧盯试点市县按期完成农村黑臭水体治理任务，形成可复制、可推广、适合海南农村特点和实际的农村黑臭水体治理技术模式和长效机制。

二是强化农业面源污染防治。出台水产养殖尾水排放标准，全面推进化肥农药减施禁施和养殖废弃物资源化利用或生态消纳。研究制定农药、化肥区域管控目标，谋划实施畜禽养殖废弃物资源化利用与生态有机高效高品质农业建设，分步骤、分阶段、分区域推进农药、化肥减施与禁施，推动畜禽非规模化养殖及水产养殖行业转型升级，探索推广生态化、绿色化养殖新模式。

六、做好噪声污染防治，助推生产生活减噪降噪

一是加强噪声源头管理。确定交通、建筑施工、社会生活和工业等领域的重点噪声排放源，按照属地管理原则，强化部门联动和信息互通机制，严格噪声污染执法，确保实现重点噪声污染源排放达标。建立噪声联合执法长效机制，定期组织噪声联合执法专项行动，加强施工噪声、社会生活噪声、娱乐场所噪声的污染整治。

二是加快降噪基础设施建设。加大城市降噪基础设施建设，优化各级道路，在城市道路、高速公路等交通干线两侧，设置隔声屏、建设生态隔离带、安装隔声门窗等。

七、强化生态保护与管控，维护岛屿生态格局

积极推动海南热带雨林国家公园建设，协同做好自然保护地整合优化、规划编制、立碑立界等工作，保障区域内生物多样性不下降。集约节约利用土地，提升农耕地、人工经济林等规模化、集约化、产业化水平，提高城市绿化率，推动裸土覆绿，减少生境破碎化。完善以“三线一单”为核心的生态环境分区管控体系，落实最严格的围填海管控和岸线开发管控措施。高度重视珊瑚礁这一海洋生态环境质量的“晴雨表”，加强珊瑚礁生态系统的动态监测评估。建立健全生态保护修复成效评估机制。

八、加强生态环境监测评价和风险防控能力建设，筑牢自由贸易港建设绿色屏障

一是加强全省生态环境监测体系和市县监测能力建设。推进流域生态补偿断面、重点关注水体的水质自动站建设，提高水环境预警能力，试点开展三大流域水生态监测。加快推进市县新增省控环境空气质量评价点建设和饮用水水源地水质自动站建设或升级改造，推动“生态环境大数据一体化监管平台（一期）”项目落地实施，为生态环境质量趋势研判、环境问题发现和风险预警、环境保护成效考核评估提供支撑。加强环境监测质量管理，修订《环境监测社会化服务机构管理办法》，严厉查处监测数据弄虚作假、人为干扰监测站点等行为。

二是加强自由贸易港建设中的各类风险识别与防范。加强生物安全风险防控，开展生物多样性保护优先区域外来入侵物种普查和监测研究，严防外来有害物种入侵。加强危险废物风险防控，加快推动洋浦、昌江危险废物处置设施建设。加强核与辐射风险防控，强化监测和应急准备，补齐海洋辐射环境及应急监测短板。